Shivani R. Patel
D. M. Korat

Gestão ecológica do afídeo em Isabgol

Shivani R. Patel
D. M. Korat

Gestão ecológica do afídeo em Isabgol

Abordagem de gestão integrada das pragas

ScienciaScripts

Imprint

Any brand names and product names mentioned in this book are subject to trademark, brand or patent protection and are trademarks or registered trademarks of their respective holders. The use of brand names, product names, common names, trade names, product descriptions etc. even without a particular marking in this work is in no way to be construed to mean that such names may be regarded as unrestricted in respect of trademark and brand protection legislation and could thus be used by anyone.

Cover image: www.ingimage.com

This book is a translation from the original published under ISBN 978-3-659-47684-6.

Publisher:
Sciencia Scripts
is a trademark of
Dodo Books Indian Ocean Ltd. and OmniScriptum S.R.L publishing group

120 High Road, East Finchley, London, N2 9ED, United Kingdom
Str. Armeneasca 28/1, office 1, Chisinau MD-2012, Republic of Moldova, Europe
Printed at: see last page
ISBN: 978-620-8-28454-1

ÍNDICE DE CONTEÚDOS

RESUMO

Foram efectuadas investigações sobre "Abundância sazonal e gestão ecológica do pulgão, *Aphis gossypii* Glover, que infesta o isabgol, *Plantago ovata* Forskel" na quinta do Esquema de Plantas Medicinais e Aromáticas, Universidade Agrícola de Anand, Anand (Gujarat) durante a época *rabi* de 2013 e 2014.

Estudos sobre a abundância sazonal de *A. gossypii* em isabgol revelaram que a atividade da praga foi observada entre meados de janeiro e março, com apenas um pico (3rd semana de fevereiro) durante os dois anos de estudo. A temperatura máxima, a humidade relativa matinal, as horas de sol brilhante e a pressão de vapor matinal e vespertina apresentaram uma correlação positiva, ao passo que a temperatura mínima, a humidade relativa vespertina e a velocidade do vento apresentaram uma correlação negativa com a população de afídeos.

Avaliaram-se dois métodos de sementeira e quatro níveis diferentes de fertilizantes azotados para determinar o seu impacto na incidência de *A. gossypii* e verificou-se que a cultura de isabgol semeada em linha com um espaçamento de 30 cm foi menos infestada do que a cultura em sementeira a lanço. A população de afídeos aumentou com o aumento dos níveis de fertilizante azotado. O menor número de pulgões foi observado na dose mínima de nitrogênio (25 Kg N/ha). A altura da planta teve uma relação positiva com a incidência de pulgões, *A. gossypii* infestando o isabgol, enquanto a largura da planta teve uma associação negativa. Foi estabelecida uma correlação significativamente negativa (r = -0,822*) entre a população de pulgões na cultura do isabgol e a largura da planta registada aos 30 dias após a sementeira.

Foi registada uma produção de sementes significativamente mais elevada (7,90 q/ha) na cultura semeada em linha em comparação com a cultura transmitida (5,03 q/ha). A cultura fertilizada com 25 Kg N/ha produziu sementes significativamente mais altas em comparação com 30, 35 e 40 Kg N/ha.

Quatro botânicos e três insecticidas microbianos avaliados contra *A. gossypii* infestando isabgol revelaram que os botânicos *viz;* Gronim (0,4%), óleo de neem (0,3%) e extrato de semente de neem (NSE) 5%, foram os mais eficazes na supressão do pulgão. O NSE e o óleo de neem foram significativamente superiores aos outros tratamentos. As parcelas tratadas com Gronim produziram um rendimento de sementes significativamente maior (12,71 q/ha), seguido pelo óleo de neem (12,06 q/ha) e NSE (9,78 q/ha). O ICBR máximo (1: 47,94) foi encontrado no tratamento com óleo de nim, seguido pelo NSE (1: 41,28).

Entre as variedades/genótipos de isabgol avaliadas quanto à sua suscetibilidade relativa ao afídeo *A. gossypii*, três genótipos Anand early-10, Kutch local e Niharika apresentaram menor infestação em comparação com as cultivares libertadas. Estes genótipos podem ser utilizados como fonte de resistência no programa de melhoramento para o desenvolvimento de variedades resistentes a insectos.

> *Na maior parte da humanidade, a gratidão é apenas uma esperança secreta de grandes favores*
> *A vida não é assim tão curta, mas há sempre tempo suficiente para a cortesia*

Nesta vida curta e cheia de acontecimentos, há momentos gloriosos que devem ser guardados num canto do coração para que eu possa descobrir o significado da vida recordando essas doces memórias.

*Neste momento inexplicável, não existem palavras no léxico para exprimir o meu sincero sentimento de gratidão, mas, com toda a honra e êxtase de alegria, exprimo os meus sinceros agradecimentos ao meu carinhoso professor, bem como ao meu honrado e estimado guia principal, **Dr. D. M. Korat,** Diretor Associado de Investigação, Universidade Agrícola de Anand, Anand. A supervisão judicial, o interesse incessante, o esforço constante, o encorajamento incessante, a orientação impecável e a crítica construtiva do Dr. Korat ao longo de todo o estudo, transformaram a minha aspiração numa realidade concreta com a conclusão deste trabalho. Estou-lhe igualmente grato pelos seus esforços meticulosos para verificar esta tese e torná-la uma realidade. Ficar-lhe-ei eternamente grato.*

*Estou igualmente em dívida e expresso os meus sinceros e profundos agradecimentos ao meu guia menor, **Dr. R. K Patil**, Professor, Departamento de Fitopatologia, BACA, AAU, e pelas suas valiosas sugestões, inspiração constante, atitude de simulação, comportamento solícito e conselhos amáveis sempre que necessário.*

*Estou grato aos membros do meu comité consultivo, **Dr. C. C. Patel,** investigador, Departamento de Entomologia Agrícola, e **Dr. P. R. Vaishnav,** professor, Departamento de Estatística Agrícola, AAU, Anand, pelas suas valiosas contribuições durante o período do meu estudo e trabalho de investigação. Agradeço a todos os meus professores do curso por me terem* *esclarecido através do seu conhecimento profundo da matéria.*

*Não tenho palavras para exprimir os meus sinceros agradecimentos ao **Dr. K B. Kathiria**, Diretor de Investigação, Decano de Estudos, ao **Dr. K P. Patel**, Diretor e Decano da B. A. College of Agriculture e ao **Dr. P. K Borad**, Professor e Chefe do Departamento de Entomologia da AAU, Anand, pela sua profunda consciência dos valores académicos. **Dr. P. K Borad**, Professor e Diretor do Departamento de Entomologia da AAU, Anand, pela sua grande consciência dos valores académicos.*

*É para mim um privilégio orgulhoso revelar um sentimento de dívida para com o **Dr. A.** D. **Patel**, Cientista Investigador, **Dr. M.A. Patel**, também. Investigador (PI.Br.), e **Dr. H. V. Hirpara**, Assoc. Research Scientist (Agrnomy), Medicinaland Aromatic Plants Project, e pela sua ajuda constante desde o início da investigação e pelo fornecimento de instalações agrícolas para a realização do trabalho de investigação.*

*Estou igualmente grato ao **Dr. T. M. Bharpoda**, Professor Associado, **Dr. R. K Thummar,** Professor Assistente e Shri N. **A. Bhatt,** Professor Assistente, Departamento de Entomologia, B. A. College of Agriculture, AAU, Anand, **Dr. B. M. Parasharya,** Investigador, Ornitologia, **Dr. C. K. Borad**, Professor Associado e **Dr. D. M. Mehta,** Investigador Principal, AICRP sobre Controlo Biológico, AAU, Anand, pela ajuda prestada de uma forma ou de outra durante o meu estudo.*

*Quero exprimir a minha afectuosa gratidão ao Prof. **Naineshbhai B. Patel**, ao Dr. R. M. Patel, ao Dr.*

B. H. Patel, Dr. M. V. Dab hi, Babukaka, Rameslibliai, Nazirkaka, Parmarkaka, 'Manukaka e Ramkaka. O meu coração sente-se grato pela cooperação, orientação e ajuda incansáveis dos seniores, Sra. Saneera, Jalpa, Ranila, Sushma. Sr. Chirag, Rajesh, Himanshu, Rglpit, Parth,

Pradeep, Manohar Sinh e Nilesh. Aproveito igualmente a oportunidade para agradecer a ajuda prestada e o tempo dedicado durante a minha investigação pelos meus amigos **MayanfPatel, Vimal Desai, Darshana Rgthod, VaishaR Parmar, Ankita Chauhan** *e Mitu Antu.*

As minhas emoções expressam-se veneravelmente aos meus queridos pais por me terem trazido a esta entidade do mundo, pelos seus sacrifícios, por me terem dado tudo e por me terem feito pensar na realidade. Devo um profundo sentimento de revelação ao meu **pai (Shri. Rameshbhai)** *e à minha* **mãe (Smt. Nansaben),** *à minha irmã mais velha Bhumika, ao meu irmão mais novo* **Chirag,** *ao meu noivo* **Prof. Jigar S. Parasana** *e ao meu doce filho* **Ryan***, bem como aos meus amigos Harshal,* **Mimansa, Nilam, Nidhi, Neha, Hiral, Bhargavi, Tushna e Pinakin***, que sempre me apoiaram com presságios para o meu estudo.*

Local: Anand   **(Shivani R Patel)**
Data: /07/2014

LISTA DE ABREVIATURAS

a.i.	:	Active ingredient
AAU	:	Anand Agricultural University
Anon.	:	Anonymous
ANOVA	:	Analysis of Variance
Av.	:	Average
BSS	:	Bright sunshine
cm	:	centimeter
cfu	:	Colony forming units
C.V.	:	Coefficient of Variation
r	:	Correlation of coefficient
C.D.	:	Critical difference
°C	:	Degree Celsius
DAS	:	Days after spray
EC	:	Emulsifiable concentration
=	:	Equal to
et al	:	Et allii; and others
etc.	:	Etcetera
Fig.	:	Figure
g	:	Gram
>	:	Greater than
ha	:	Hectare
kg	:	Kilogram
l	:	Litre
Max	:	Maximum
m	:	Metre
ml	:	Millilitre
Min	:	Minimum
NS	:	Not significant
No.	:	Number
%	:	Per cent
q	:	Quintal
RBD	:	Randomized Block Design
Rs.	:	Rupees
<	:	Smaller than
SP	:	Soluble Powder
m^2	:	Square metre
S.Em. +	:	Standard Error of mean
SD	:	Standard deviation
SMW	:	Standard Meteorological Week
viz.	:	Videlicet, Namely
WP	:	Wettable Powder
WS	:	Wind Speed

1. INTRODUÇÃO

As plantas medicinais são o património local com importância global, o mundo está dotado de uma grande riqueza de plantas medicinais. As plantas medicinais desempenham um papel importante na vida das populações rurais, em especial nas zonas remotas dos países em desenvolvimento com poucos serviços de saúde. Estima-se que cerca de 70 000 espécies de plantas tenham sido utilizadas, numa ou noutra altura, para fins medicinais. Na ayurveda, considera-se que cerca de 2.000 espécies de plantas têm valor medicinal. Cerca de 500 ervas são ainda utilizadas na medicina convencional, embora as plantas inteiras sejam raramente utilizadas (Purohit e Vyas, 2005).

Na Índia, a utilização de diferentes partes de várias plantas medicinais para curar doenças específicas está em voga desde tempos antigos. Os sistemas indígenas de medicina, nomeadamente ayurvédico, sidda e unani, existem há vários séculos. Um dos mais antigos tratados sobre medicina indiana, o "Charak samhita" (1000 a.C.), regista a utilização de mais de 340 medicamentos de origem vegetal. Este sistema de medicina responde às necessidades de quase 70% da nossa população que reside nas aldeias.

A maioria destas plantas medicinais continua a ser colhida de plantas selvagens para satisfazer a procura da profissão médica. Assim, apesar do rico património de conhecimentos sobre a utilização de drogas vegetais, foi dada pouca atenção ao seu cultivo como culturas de campo no país até ao final do século XIX. Recentemente, a procura de plantas medicinais a nível mundial e nacional abriu novas perspectivas para o cultivo de plantas medicinais. O Governo criou o Conselho Nacional das Plantas Medicinais para promover as plantas medicinais e a economia dos agricultores (Dastur, 1962).

A Índia é rica em plantas medicinais, cerca de 2500 plantas são conhecidas pelos seus valores medicinais. Destas, 500 plantas são utilizadas para valor comercial na formulação de medicamentos por diferentes empresas e produtos farmacêuticos (Farooqui e Sreeramu, 2001). A Índia ocupa uma posição de liderança na produção e no comércio mundial de drogas vegetais e intermediários obtidos da papoila do ópio, isabgol, senna, rauvolfia, cinchona, perwinkle, gloriosa, papaia (papaína) e ipecac. De entre estas, o isabgol *(Plantago ovata* Forskel) é a planta medicinal mais importante da Índia e também uma fonte rica de divisas.

Isabgol é o nome comum utilizado para vários membros do género *Plantago*, cujas sementes são utilizadas comercialmente para a produção de mucilagem. O género *Plantago* contém mais de 200 espécies. O isabgol é uma planta originária da Pérsia, atualmente cultivada na parte ocidental da Índia. O seu nome comum deriva de duas palavras sânscritas, "sap" e "ghol", que significa "orelha de cavalo" e que descreve a forma da semente. É conhecida por diferentes nomes, como ashwagolam, aspaghol, aspagol, bazarqutuna, blond psyllium, ch'-ch'ientzu, ghoda, grappicol, Indian plantago, Indische Psylli-samen, isabgul, isabgul gola, ispaghula, isphagol, vithai, issufgul, jiru, obeko, psyllium, plantain, spogel seeds, etc. (Kapoor, 1990; Farnsworth, 1995; Galindo *et al*, 2000; Anon., 2002).

A isabel é cultivada em regiões temperadas quentes entre 26 e 36°N, latitude, as suas espécies são indígenas da região mediterrânica e da Ásia ocidental, estendendo-se até ao Paquistão ocidental (Koul e Sareen, 1999). Tem sido utilizada em medicamentos desde a antiguidade, sendo apenas cultivada como planta medicinal nas últimas décadas (Gupta, 1987; Wolver *et al.,* 1994; Handa e Kaul, 1999). É uma erva sem caule. A casca é a cobertura membranosa branco-rosada da semente, que constitui o fármaco, principalmente administrado como laxante, particularmente benéfico na obstipação habitual, diarreia crónica e disenteria (Patel e Saravanan, 2010 e Das, 2011). É também um diurético e alivia problemas renais e da bexiga, gonorreia, artrite e hemorróidas (Zargari, 1990; Ansari e Ali, 1996).

A cultura de Isabgol pode ser cultivada numa grande variedade de solos, mas dá-se bem em solos franco-arenosos ricos e bem drenados. É cultivada comercialmente como cultura de inverno *(rabi)*. As suas sementes contêm mucilagem, óleo gordo, grandes quantidades de matéria albuminosa, um glucósido farmacologicamente inativo, a aucubina ($C_{13}H_{19}O_8H_2O$) e um açúcar plantioso (Chevallier, 1996).

Entre todos os países contribuintes, a Índia tem a maior quota de mercado na produção, transformação e exportação de casca de Psyllium (~36%) e exporta sementes e casca de isabgol no valor de mais de Rs. 25 milhões anualmente. Cerca de 90% das sementes e cascas são exportadas, o que faz do isabgol uma importante fonte de divisas para a Índia (Singh *et al.*, 2009). A produção total de isabgol na Índia ronda as 90.000 a 1.00.000 MT (Anon., 2008). Gujarat e Rajasthan são os principais estados produtores de isabgol na Índia, entre os quais Gujarat produz cerca de 40 a 45% da produção total. É cultivada como cultura comercial nos distritos de Mehsana, Patan e Banaskantha, no norte de Gujarat. Da produção total de casca em Gujarat, 75% é exportada. No ano 2006-07, a área cultivada com isabgol em Gujarat era de 37 534 hectares, produzindo 30 000 toneladas de isabgol (Anon., 2008).

Para o êxito da produção da cultura de isabgol, as pragas de insectos e as doenças são os principais factores limitantes. As pragas de insectos importantes que infestam o isabgol são o pulgão, *Aphis gossypii* Glover, o escaravelho das sementes, *Lasioderma serricorne* (Fabricius), a larva branca, *Holotrichia consanguinea* Blanchard e a térmita, *Odentotermes obesus* Rambur (Reddy, 2009).

Entre as pragas de insectos acima mencionadas que atacam o isabgol, o pulgão, *A. gossypii* (Aphididae: Hemiptera), foi referido como a principal praga do isabgol (Sagar e Jindla, 1984). Trata-se de uma espécie cosmopolita e polífaga, amplamente distribuída em diferentes habitats em todo o mundo. Esta praga tem uma vasta gama de hospedeiros e foi descoberta a alimentar-se de culturas de fibras e ornamentais em 88 famílias de plantas (Gissella *et al.*, 2006). Causa danos diretos e indirectos por contaminação física com a sua melada ou pode transmitir vírus (Blackman e Eastop, 2000).

Tanto as ninfas como os adultos do afídeo danificam a cultura, quer em colónias quer individualmente, perfurando os seus estiletes afiados em forma de agulha nas células da planta para sugar a seiva celular, o que resulta no enrolamento das folhas ou no aparecimento de manchas descoloridas na folhagem. À medida que o pulgão se torna mais abundante na fase juvenil, a planta murcha gradualmente e as folhas tornam-se amareladas a acastanhadas, resultando na morte da planta. Em densidades mais baixas na planta, resulta num crescimento atrofiado e na redução do número de sementes e, em última análise, no rendimento da planta. O pulgão ataca quase todas as partes da planta, *ou seja,* folhas, ramos, caules, rebentos terminais, inflorescências, espiguetas, etc. Além disso, o pulgão excreta melada, uma substância doce e açucarada que goma as plantas e serve de meio para o crescimento de fungos negros que interferem no processo de fotossíntese das plantas (Patel, 2002).

Os afídeos são sugadores de seiva activos na floração e, mais tarde, causam perdas consideráveis à cultura e os insecticidas sintéticos utilizados podem causar uma redução do lucro e do potencial de exportação. Não é aconselhável utilizar insecticidas caros e persistentes. Por conseguinte, torna-se necessário utilizar insecticidas botânicos e insecticidas microbianos para controlar o afídeo. Um produto vegetal, especialmente os extractos/formulações de neem, é frequentemente considerado menos perigoso para os inimigos naturais, os polinizadores e outros organismos não visados. Na atual era de sensibilização ambiental, é dada maior ênfase aos insecticidas biológicos, uma vez que são biodegradáveis e menos nocivos para os inimigos naturais e o ambiente. A informação básica sobre a abundância sazonal é necessária antes de decidir a estratégia de gestão de qualquer praga de insectos.

A dinâmica populacional de *A. gossypii* em relação aos parâmetros climáticos na cultura do isabgol foi estudada por Sagar (1992) e Patel (2002). Algumas das práticas agronómicas podem interferir no desenvolvimento de *A. gossypii*. A utilização de fertilizantes não só afecta o valor nutritivo das plantas, como também tem um impacto no estilo de vida dos insectos-praga (Dowell e Steinberg, 1990 e Bentz *et al.,* 1995). A manipulação das doses de fertilizante seria útil no controlo dos afídeos (Almaicoshi *et. al.,* 1997). Os afídeos podem ser facilmente controlados com o uso de produtos químicos sintéticos. Sendo a Isabgol uma cultura medicinal, a pulverização de produtos químicos tóxicos na cultura não é aconselhável. As medidas não químicas são as alternativas para evitar a utilização de pesticidas químicos. Medidas não químicas, como a utilização de cultivares resistentes (Sagar *et.al.,* 1987), materiais botânicos (Upadhyay e Mishra, 1999) e um período de sementeira adequado (Patel, 2002), foram avaliadas por alguns trabalhadores anteriores em relação à incidência de afídeos no isabgol. Apesar da ocorrência regular desta praga na cultura do isabgol e de causar perdas económicas, não foram realizados muitos trabalhos sobre abordagens ecológicas para a sua gestão. Para desenvolver uma estratégia de gestão ecológica e eficaz para o pulgão que infesta a cultura do isabgol, a presente investigação foi realizada com os seguintes objectivos

Objectivos:

1.   Abundância sazonal de afídeos em isabgol nas condições do Médio Gujarat.

2.   Impacto dos métodos de sementeira e dos fertilizantes azotados na incidência de afídeos em isabgol.

3.   Avaliação de biopesticidas contra pulgões que infestam o isabgol.

2. REVISÃO DA LITERATURA

O isabel é uma importante cultura medicinal cultivada de forma mais rentável em Gujarat. A área cultivada com esta cultura está a aumentar de ano para ano devido à elevada procura e ao seu preço remunerador. Entre os diferentes factores responsáveis pela baixa produção de isabgol, os insectos pragas desempenham um papel importante. Entre estes, o afídeo é uma praga grave que causa danos consideráveis à cultura. De hábito polífago, alimenta-se de vários hospedeiros e causa perdas de rendimento consideráveis.

A partir das fontes bibliográficas disponíveis, verificou-se que os trabalhos relativos à abundância sazonal e à bioeficácia dos biopesticidas sobre os afídeos que infestam o isabgol são escassos e, por conseguinte, foi feita uma tentativa de rever a literatura disponível sobre o isabgol, bem como sobre outras culturas hospedeiras que têm uma relação direta ou indireta com os diferentes aspectos das presentes investigações e que são aqui apresentados sob diferentes títulos.

2.1 Abundância sazonal de *A. gossypii on* várias culturas de campo Isabgol :

Sagar *et al.* (1987) estudaram a dinâmica da população de *Aphis gossypii* Glover em três cultivares promissoras (P-79-1-7, S-8-1-5 e progeny 27-1-9) de isabgol em Punjab e descobriram que o pulgão apareceu pela primeira vez na segunda semana de fevereiro e aumentou gradualmente até 6 de março. Verificou-se um aumento substancial da população da praga no dia 6 de março, com 30,8, 31,8 e 30,1 pulgões/planta em P-79-1-7, S-8-1-5 e progénie 27-1-9, respetivamente. A população máxima de pulgões (155,6 a 186,9 pulgões/talhão) foi registada no dia 13 de março e quase desapareceu no dia 20 de março.

Patel (2002), de Gujarat, referiu que *a* presença *de A. gossypii* em isabgol foi detectada a partir da primeira semana de março. A temperatura apresentou uma correlação positiva e significativa com a população de *A. gossypii,* enquanto a humidade relativa apresentou uma correlação negativa com a praga.

Algodão:

Mathur e Sharma (1977) observaram a incidência de *A. gossypii* no algodão entre a segunda semana de agosto e a primeira semana de fevereiro. Patel e Rote (1995) observaram que a população de *A. gossypii* atingiu o pico no algodão na segunda quinzena de outubro, seguida da primeira e segunda quinzenas de novembro no Sul de Gujarat. Mais tarde, verificou-se um declínio gradual da população de afídeos.

Rathod *et al.* (2009) observaram que a incidência da praga no algodão começou após a terceira semana de setembro com 0,8 pulgão por 3 folhas por planta. A população de pulgões aumentou gradualmente e atingiu um nível máximo de 4,6 pulgões por 3 folhas por planta durante a segunda semana de dezembro.

Rajput *et al.* (2010) verificaram que a baixa temperatura e a alta humidade nos meses de janeiro e fevereiro favoreceram o aumento da população de *A. gossypii* no algodão. Selvaraj *et al.* (2010) relataram que a população de pulgões começou a partir da quarta semana de fevereiro numa cultura com quatro semanas e atingiu o seu pico na quarta semana de março numa cultura de algodão com seis semanas.

Quiabo:

Dhamdhere *et al.* (1985) observaram a ocorrência e a sucessão de pragas do quiabeiro em Gwalior e revelaram que o pulgão permaneceu ativo da última semana de agosto à primeira semana de outubro. O pico populacional foi observado na última semana de setembro. Patel (1988) estudou a dinâmica populacional de insectos pragas do quiabeiro em Navsari (Gujarat) e relatou que o pulgão começou a aparecer a partir da segunda semana de sementeira (WOS), aumentou acentuadamente e atingiu um nível mais elevado após a sexta e sétima WOS. Mais tarde, a população diminuiu após a oitava e a nona semanas e voltou a aumentar após a décima e a décima primeira semanas.

De acordo com Jamwal e Kandoria (1991), a população de *A. gossypii* desenvolve-se em malagueta, brinjal e quiabo no Punjab e permanece ativa da quarta semana de julho à terceira semana de outubro no quiabo. O pico da população (450 pulgões/ 30 plantas) foi observado na primeira semana de setembro.

Singh e Joshi (2003), de Himachal Pradesh, revelaram que a incidência de afídeos no quiabeiro apareceu primeiro após 15 dias de sementeira e continuou até à colheita. A incidência de pulgões no quiabeiro começou na última semana de maio e continuou até à primeira semana de setembro, tendo o pico da população sido registado na última semana de julho, com uma abundância máxima de 450,40 e 393,65 pulgões/planta em 2005 e 2006, respetivamente (Shah *et al.*, 2009).

Brinjal :

A população de *A. gossypii* apareceu pela primeira vez em outubro e atingiu o pico em fevereiro em brinjal em Bengala Ocidental (Banerjee *et al.* 1986). De acordo com Ghosh *et al.* (2004), os afídeos estiveram activos durante todo o ano na cultura de brinjal cultivada na região de Tarai, em Bengala Ocidental.

Chandarkumar *e t al.* (2008) registaram a incidência de *A. gossypii* em brinjal entre a segunda semana de dezembro e fevereiro. Ramya e Veeravel (2010), de Tamil Nadu, referiram que a população de afídeos em brinjal era mais baixa em outubro, era menor em novembro e dezembro, flutuava muito e atingia o seu pico na terceira semana de dezembro.

Coentros:

Ghetiya (1992) referiu que o *A. gossypii* permaneceu ativo durante os meses de dezembro a fevereiro na cultura dos coentros na região de Saurashtra, em Gujarat, mas que a atividade mais elevada da praga foi observada na última semana de janeiro e depois diminuiu gradualmente durante fevereiro. Ghaddge *et al.* (2007) verificaram que a população de pulgões nos coentros apareceu a partir da primeira semana de dezembro, com um pico de atividade de 3,57 índices/ 3 ramos na quarta semana de janeiro.

Girassol :

Singh *et al.* (1977) registaram a ocorrência de *A. gossypii* entre janeiro e março (200 afídeos/planta) em girassol cultivado em Deli.

Tomate:

Kandoria *et al.* (1989), do Punjab, observaram que o afídeo *A. gossypii* foi encontrado em fevereiro e estava muito ativo no melão e no tomate em março.

Batata :

De acordo com o relatório de Konar e Basu (2000), o nível crítico de incidência de afídeos *(Myzus persicae* e *A. gossypii)* na batata situa-se entre janeiro e meados de fevereiro e o pico da população foi registado entre o final de fevereiro e meados de março. A partir daí, a população de afídeos começou a diminuir.

Grão-de-bico :

Shahzad *et al.* (2003) estudaram a dinâmica populacional de *A. gossypii* e *Aphis craccivora* em relação às condições climáticas no grão-de-bico e verificaram que A.*craccivora apareceu* durante a segunda semana de dezembro e estabeleceu o seu pico durante a terceira semana de fevereiro, enquanto *A. gossypii* apareceu durante a segunda semana de dezembro e o seu pico populacional foi observado durante a segunda semana de março.

Pepino :

Lokeswariet *al.* (2010) observaram que a infestação de *A. gossypii* começava em janeiro e atingia o seu pico em maio no pepino em Manipur.

China rose :

Rajabpour e Yarahmadi (2012) estudaram a dinâmica sazonal da população de *A. gossypii* em *Hibiscus r^osachinensis e* descobriram que o pulgão migrou das ervas daninhas para *H. rosachinensis no* início de novembro. O pico de densidade foi observado entre janeiro e fevereiro.

2.1.1 Correlação entre as incidências de *A. gossypii e* os parâmetros meteorológicos

A influência de vários factores abióticos na incidência de *A. gossypiion* em diferentes culturas cultivadas foi estudada por alguns trabalhadores, que tentaram determinar as variáveis mais influentes que afectam a população. Entre os vários factores abióticos, a temperatura, a humidade, a insolação e a precipitação são os componentes mais importantes que parecem ter um efeito profundo no desenvolvimento, na sobrevivência e na fecundidade dos insectos. Como mencionado anteriormente, a informação detalhada sobre vários aspectos de *A. gossypiiinfestando* isabgol é escassa, exceto o relatório solitário de Patel (2002). Por conseguinte, foi feita uma tentativa de rever o trabalho realizado por trabalhadores anteriores sobre o impacto dos factores meteorológicos em *A. gossypii que ataca* diferentes culturas arvenses.

Isabgol :

Patel (2002) observou que a temperatura tinha uma correlação significativamente positiva com a população de afídeos, *A. gossypii*, enquanto a humidade relativa apresentava uma associação negativa com a população de afídeos em isabgol.

Algodão :

Chattopadhyayet *al.* (1996) estudaram a correlação entre a população de pulgão, *A. gossypii, no* algodão e os parâmetros climáticos em Akola, Maharashtra. Verificaram que a nebulosidade e a temperatura média inferior a 25° C provocaram um aumento acentuado da população de afídeos. Slosseret *al.* (1998) observaram uma relação negativa significativa entre as temperaturas máxima, mínima e média e o aumento da população de afídeos no algodão.

Kerstinget *al.* (1999) descobriram que a população de *A. gossypii aumentava* linearmente à medida que a temperatura aumentava na faixa de 15^0 a 30^0 C no algodão. A temperatura e a precipitação mostraram correlação negativa, enquanto a humidade relativa teve correlação positiva com a população de pulgões no algodão (Shahjahanet *al.,* 2001). Foi estabelecida uma correlação negativa entre a incidência de afídeos no algodão e todos os factores abióticos (Purohitet *al.* 2006).

De acordo com Rathodet *al.* (2009), a população de afídeos apresentou uma correlação negativa significativa com a temperatura mínima, máxima e média, a humidade relativa da manhã e da tarde e os dias de chuva. Shitole e Patel (2009) observaram uma correlação positiva significativa da população de afídeos com a temperatura (máxima, mínima e média), a humidade relativa (máxima, mínima e média), a precipitação e a velocidade do vento, enquanto a luz do sol apresentou uma correlação negativa. Além disso, a temperatura mínima apresentou uma correlação negativa e não significativa com a população de afídeos no algodão, enquanto a temperatura máxima apresentou uma correlação positiva e não significativa.

Tomar (2010) mostrou que a população de pulgões estava positivamente correlacionada com a temperatura máxima e mínima e com a humidade relativa do algodão, enquanto a população de pulgões não mostrou qualquer associação com a precipitação. A acumulação da população de pulgões mostrou uma correlação significativa e positiva com a temperatura máxima, a humidade relativa da manhã e a luz do sol, enquanto estava significativa e negativamente correlacionada com a temperatura mínima, a humidade relativa da noite, a velocidade do vento e a precipitação na cultura do algodão (Selvarajet *al.*, 2010).

Quiabo:

Patel *et al.* (1997) relataram que não havia relação significativa entre a população de *A. gossypiion* quiabo e quaisquer parâmetros climáticos. Anitha (2007) encontrou uma correlação negativa significativa entre a temperatura máxima e a abundância de pulgões no quiabeiro e uma correlação positiva entre a incidência de pulgões e a humidade relativa da manhã e da tarde. A precipitação teve uma correlação positiva significativa com a população de pulgões.

Bhoi (2008) referiu que a temperatura máxima, a temperatura média e a luz solar intensa tinham uma associação positiva significativa, ao passo que a temperatura mínima, a humidade relativa, a pressão de vapor, a precipitação, os dias de chuva e a velocidade do vento tinham uma associação negativa significativa com a população de *A. gossypii* no quiabeiro durante o verão e uma associação negativa durante a estação kharif. Verificou-se uma associação positiva entre a incidência de afídeos e a temperatura (mínima e máxima) e a humidade relativa (manhã e noite).

Sattaret *al.* (2009) referiram que a insolação média e a velocidade do vento estavam ambas significativamente correlacionadas de forma positiva com a população de afídeos, enquanto a humidade relativa média e a precipitação total estavam negativamente correlacionadas com o quiabeiro em Manipur.

Brinjal :

De acordo com o relatório de Prasad e Longiswaran (1997), a população de afídeos na beringela está positivamente correlacionada com a temperatura máxima e a humidade relativa, enquanto a precipitação está negativamente correlacionada. Entre os vários factores abióticos, a temperatura máxima foi considerada um fator limitante para o desenvolvimento da população de afídeos na brinjela.

Devi *et al.* (2002) verificaram que a população de afídeos estava positivamente correlacionada com a temperatura, a humidade relativa, a velocidade do vento e a insolação, enquanto a precipitação estava negativamente correlacionada com a densidade da praga na brinjal.

Ghosh *et al.* (2004) referiram que a população de *A. gossypii* estava significativa e positivamente correlacionada com a temperatura média, a humidade relativa e a precipitação semanal em brinjal. Nonitaet *al.* (2007) mostraram uma correlação negativa entre a precipitação e a densidade de pulgões na cultura do brinjal, enquanto a temperatura, a humidade relativa, a insolação e a velocidade do vento estavam positivamente correlacionadas em Manipur.

Ramya e Veeravel (2010), de Tamil Nadu, referiram que a luz do sol e a humidade relativa máxima tinham uma correlação positiva com a população de pulgões em brinjal, enquanto a temperatura, a precipitação e a velocidade do vento tinham uma correlação negativa com a infestação da praga. Savitaet *al.* (2010) concluíram que a temperatura, a precipitação e a velocidade do vento tinham uma correlação negativa com a densidade de pulgões em brinjal, enquanto a humidade relativa tinha uma correlação positiva.

De acordo com o relatório de Tiwari *et al.* (2010), todos os parâmetros meteorológicos mostraram uma correlação negativa não significativa com a população de pulgões no ecossistema de brinjais de Uttar Pradesh. Arif (2012) estudou o impacto dos parâmetros meteorológicos na população de afídeos em brinjais no centro de Gujarat e observou uma correlação negativa entre a população de afídeos e a precipitação, a temperatura máxima, a temperatura mínima, a humidade relativa média e a velocidade do vento.

Coentros:

Ghetiya (1992) concluiu que tanto a temperatura como a humidade relativa mínima se correlacionavam negativamente com a população de pulgões nos coentros, enquanto a humidade relativa máxima e as horas de sol se correlacionavam positivamente. Verificou uma tendência decrescente da população de afídeos com o aumento da temperatura máxima. Meenaet al. (2003) verificaram que havia uma correlação negativa entre a população de afídeos nos coentros e a temperatura. No entanto, foi estabelecida uma correlação positiva entre a sua população e a humidade relativa.

Feno-grego:

Meena e Bhargava (2002) determinaram o impacto dos factores meteorológicos no feno-grego e concluíram que uma temperatura média de 22 a 250 C e uma humidade relativa de 57,2 por cento eram ideais para a multiplicação da população de afídeos. A temperatura foi negativamente correlacionada, enquanto a humidade relativa foi positivamente correlacionada com a população de afídeos.

Sésamo:

De acordo com o relatório de Kumar *et al.* (2010), a população de pulgão, *A. gossypii*, foi negativamente correlacionada com a temperatura mínima, humidade relativa e precipitação e positivamente correlacionada com a temperatura máxima no **funcho de** sésamo:

Patel *et al.* (2011) verificaram que a temperatura máxima e mínima e a luz solar intensa tiveram um efeito positivo na população de afídeos no funcho, enquanto a humidade relativa teve um efeito negativo na atividade da praga.

Tomate:

Kaushik (2011) verificou que factores abióticos como a temperatura máxima, mínima e média, a humidade relativa mínima e a insolação tinham uma influência negativa significativa na população de *A. gossypii* que infestava as culturas de tomate na parte norte de Bengala Ocidental.

2. 2Impacto dos métodos de sementeira e da aplicação de azoto fertilizantes na incidência de afídeos em isabgol

A partir da fonte de literatura disponível, verificou-se que nenhum dos trabalhadores anteriores estudou o impacto dos métodos de sementeira e dos fertilizantes azotados aplicados à cultura de isabgol sobre *A. gossypii*, exceto o único relatório de Patel e Borad (2005). Estes relataram que a sementeira em linha em novembro ou no início de dezembro era a mais adequada para gerir *o A. gossypii* no isabgol e produzir mais rendimento. O isabgol semeado durante a terceira semana de dezembro foi fortemente afetado pela praga. No entanto, foi feita uma tentativa de rever a informação relativa a estes aspectos noutras culturas, que é apresentada a seguir.

2.2.1 Impacto dos métodos de sementeira nos afídeos do algodão:

Ekukole (1992) relatou que o espaçamento de 40 cm aumentou o número de pulgões, *A. gossypii* e a viscosidade das plantas de algodão em comparação com o espaçamento de 25 cm. De acordo com o relatório de Kalaichelvi (2008), foi observada uma maior população de afídeos e fungos no *algodão Btcotton* com um espaçamento mais próximo de 90 x 45 cm do que com um espaçamento mais largo.

Batata-doce:

Abd El-Malak e Salem (2002) estudaram a influência dos espaços de plantação (20, 25 e 30 cm de distância) e dos híbridos na população de seis artrópodes que atacam as plantas de batata-doce e verificaram que as pragas sugadoras eram abundantes no tratamento com espaçamento estreito (20 cm).

Ageratum :

Leiteet al. (2008) avaliaram o efeito de quatro espaçamentos de plantio (30x30, 50x50, 50x70 e 30x50x70 cm) sobre os artrópodes associados ao *Ageratum conyzoides e* verificaram que foi observado um menor ataque de pulgões nas plantas cultivadas no espaçamento 30x50x70 cm em relação aos demais.

2.2.2   Impacto dos fertilizantes azotados em *A. gossypii*

A literatura pesquisada revelou que não há informações sobre o impacto dos fertilizantes azotados aplicados à cultura do isabgol na incidência de *A. gossypii*. No entanto, poucos trabalhadores anteriores estudaram o impacto dos fertilizantes azotados na incidência de *A. gossypii* noutras culturas que não o isabgol e comunicaram os seus resultados.

Algodão:

O tratamento com fertilizante azotado e a primeira irrigação aumentaram a população de afídeos no algodão (Atakan e Ozgur, 1995). O alto nível de nitrogênio foi responsável pelo aumento da população do pulgão *A. gossypii* no algodão (Godfrey *et al.*2000). Nevo e Moshe (2001) relataram que as densidades de adultos e ninfas de *A. gossypii* no algodão se correlacionaram positivamente com a fertilização nitrogenada. Barros *et. al.* (2007) relataram que diferentes doses de nitrogênio influenciaram a biologia do pulgão do algodoeiro, *A. gossypii*, tanto nas fontes quanto nas épocas de aplicação.

Cosmos :

Almaicoshiet *al.* (1997) estudaram o efeito de diferentes taxas de fertilizantes azotados (0, 0,5 e 1 g de ureia/planta) aplicados a *Cosmos* sp. nas densidades populacionais de *A. gossypii* e verificaram que a densidade de afídeos foi significativamente mais elevada quando se aplicou 0,5 g de ureia/planta do que sem tratamento.

Pepino :

A taxa de crescimento populacional, a fecundidade e a sobrevivência aumentaram, enquanto o tempo médio para a primeira descendência diminuiu significativamente para *A. gossypii* em níveis mais elevados de azoto no pepino (Pettit *et al.* 1994). Xinet *al.* (2010) mostraram que diferentes fertilizações azotadas afectaram a fecundidade e o crescimento populacional do afídeo, alterando a quantidade de aminoácidos solúveis foliares e de açúcar solúvel no pepino.

Hosseiniet *al.* (2010) estudaram o desempenho e a taxa de crescimento populacional do pulgão e a perda de rendimento associada no pepino sob diferentes regimes de fertilização com azoto (90, 110, 150 e 190 ppm). Verificaram que o pulgão desenvolvido em plantas que receberam a fertilização azotada mais elevada teve um tempo de desenvolvimento significativamente mais curto e produziu mais descendentes per capita em comparação com outros regimes.

Cabaça de freixo :

Khan *et al.* (1999) observaram que o número de embriões totais e bem desenvolvidos era maior no pulgão do melão, *A. gossypii*, desenvolvido em folhas com elevado teor de azoto e humidade foliar na cabaça de freixo.

Batata :

De acordo com Singh *et al.* (2005), a incidência de *A. gossypii* na batata aumentou com o aumento dos níveis de azoto.

Mesta :

Nakat et *al.* (2002) estudaram a infestação de afídeos na mesta sob diferentes níveis de azoto e concluíram que a população de afídeos aumentava com o aumento das taxas de azoto.

Crisântemo :

Chauet *al.* (2002) não encontraram efeitos significativos do nitrogênio na abundância de pulgão do algodão em crisântemo. Rostamiet *al.* (2012) avaliaram cinco tratamentos de fertilizantes (0, 25, 50, 100 e 150 % de nitrogênio) em relação a *A. gossypii* em crisântemo e descobriram que a fecundidade e a sobrevivência do pulgão mostraram uma correlação positiva, enquanto o tempo médio de geração e a expetativa de vida foram negativamente correlacionados com a concentração de fertilização.

2.3 Avaliação de biopesticidas contra pulgões que infestam o isabgol

Os insecticidas sintéticos são largamente utilizados na maior parte dos países em desenvolvimento para controlar os insectos que atacam as culturas alimentares. Este facto tem contribuído para a poluição ambiental através do ar ou sob a forma de resíduos nos alimentos. Nos últimos anos, a utilização de biopesticidas seguros para o ambiente, como os extractos de plantas e os entomopatogéneos, tem vindo a aumentar consideravelmente.

2.3.1 Produtos botânicos e seus derivados :

Nos últimos anos, os insecticidas de origem botânica têm vindo a ganhar terreno. São comparativamente seguros para os inimigos naturais. O neem, o piretro, a rotenona, a nicotina, a sabadilla, o ardusi, a ryania e uma série de outros produtos botânicos têm sido utilizados para proteger as culturas agrícolas da devastação de insectos, ácaros e nemátodos em diferentes partes do mundo.

Na era atual da gestão das pragas, os materiais vegetais naturais e os seus derivados são considerados componentes importantes devido à sua natureza ecológica. As informações sobre a bioeficácia de insecticidas botânicos e microbianos contra *A. gossypii* que infesta o isabgol são escassas. No entanto, foi feita uma tentativa de rever a informação disponível sobre aspectos relevantes noutras culturas.

Isabgol:

Upadhyay e Mishra (1999) avaliaram a pulverização de Krantineem e Neemgold (0,3 e 0,5 %) e o extrato bruto da semente de nim (1 e 2%) juntamente com alguns insecticidas convencionais contra o pulgão do isabgol, *A. gossypii* e verificaram que todas as preparações de nim reduziram a população de pulgões após 24 horas de pulverização, mas apenas o extrato bruto a 2% manteve uma baixa incidência durante mais de 24 horas.

Entre os botânicos avaliados contra *A. gossypii* em isabgol, o extrato de semente de nim (NSKE) 3%, o extrato de folha de nim e o extrato de folha de arduso 10% foram eficazes contra a praga. Das sete formulações à base de azadiractina testadas, Gronim (0,075%), Neemazal-F (0,015%) e Neemark (2,50%) mostraram-se relativamente superiores na supressão da população de pulgões (Patel, 2002).

Patil e Patel (2013) avaliaram alguns insecticidas químicos e botânicos contra o pulgão isabgol e revelaram que, entre todos os insecticidas botânicos utilizados, o óleo de neem a 0,5 por cento foi superior a outros botânicos e registou um rendimento máximo de sementes (7,21 q/ha).

Algodão :

Venkatesanet *al.* (1987) avaliaram a eficácia do extrato de folha de nim (3%), extrato de semente de nim (3%) e óleo de nim (3%) contra *A. gossypii* no algodão e revelaram que todos os botânicos testados foram igualmente eficazes na redução da população de pulgões 1 a 3 dias após a pulverização. Entre eles, verificou-se que o extrato de folhas de nim reduziu a população de afídeos mais do que os outros produtos de nim, mas a diferença entre os tratamentos de nim não foi considerada significativa.

Ghelaniet al. (2006) registaram a menor população de afídeos em parcelas de algodão tratadas com Gronim 0,3 por cento seguido de Neemazal-F e Vangaurd. De acordo com Vinodhini e Malaikozhun (2011), o extrato de semente de nim 5 por cento foi considerado o mais eficaz contra *A. gossypii* infestando o algodão, seguido pelo óleo de nim 3 por cento. Singh *et al.* (2012) avaliaram a propriedade repelente de extractos de folhas de três plantas nativas indígenas *viz; Azadirachtaindica* A. Juss; *Eucalyptus globules* L. e *Ocimumbasilicum* L. contra afídeos e cochonilhas a níveis de dose de 1, 2, 4, 8 e 10%. Verificaram que a repelência mais elevada foi registada no extrato de folhas de *A. indica* às 12 e 24 horas de libertação, que deu 99,0 e 97,0%, seguido do extrato de folhas de *E. globules* que deu 96,0 e 93,0%.

Quiabo :

Rao *et a l.* (1991) relataram a eficácia de produtos de nim no controlo de pragas de bhendi. Entre os produtos de nim, o óleo de nim a 1 por cento mostrou uma redução de 63 por cento na população de pulgões em relação ao controlo não tratado. Kulatet *al.* (1997) observaram que o extrato de semente de *A.indica a* 5% deu um nível de controlo semelhante ao endosulfan (0,06%) e monocrtofos (0,05%) na cultura do quiabo.

Mishra e Mishra (2002) avaliaram a eficácia de alguns biopesticidas contra insectos nocivos e defensores do quiabeiro e revelaram que a população de pulgões permaneceu muito baixa (50,7/top 3 folhas) no tratamento em que Biotox, Neemax e Multineem foram aplicados uma vez em sucessão, o que foi igual ao tratamento em que Multineem foi aplicado entre duas aplicações de malatião. O efeito de produtos de nim sobre pragas e rendimentos do quiabeiro estudados por Mudathir e Basedow (2004) revelou que as preparações de nim (extrato aquoso de semente de nim (NKWE) contendo azadiractina A/ha e Neem Azal T/S contendo 6 a 12 azadiractina A/ha) reduziram significativamente o ataque de *A. gossypii* e *Bemisiatabaci* (Gennadius) no quiabeiro.

Anitha e Nandihalli (2008) notaram que o extrato de semente de nim 5 por cento foi eficaz no controlo do pulgão no quiabeiro seguido de óleo de nim 2 por cento após 15 dias de cada pulverização. O extrato de semente de nim registou a relação custo-benefício mais elevada (18,56).

Boopathiet *al.* (2010) testaram a eficácia de vários produtos de nim contra *A. gossypii* no quiabeiro e descobriram que o óleo de nim 0,3 por cento reduziu significativamente a população de pulgões seguido pelo óleo de nim 0,03 por cento enquanto a maior população de pulgões foi registada no controlo não tratado. Sattaret *al.* (2012) constataram que o NeemAzal foi eficaz para reduzir a população de pulgões no quiabeiro.

Brinjal:

Varma *et al.* (2010) avaliaram a eficácia de alguns produtos vegetais autóctones na gestão do afídeo *A. gossypii* que infestava a couve-brincadeira e concluíram que o NSKE reduziu a população em 51,92 e 54,07% nas duas experiências, seguido do Chilli+Garlic com 47,11 e 48,77% de redução e do *Calotropis* com 45,24 e 46,38% de redução. Também estavam ao mesmo nível que o clorpirifos, que proporcionou uma redução de 60,42 e 62,25%. Karkar (2012) registou uma população mínima de pulgões (3,83 pulgões/folha) após 3 dias de pulverização de 5 por cento de extrato de semente de nim seguido de óleo de nim 0,3 por cento (4,30 pulgões/folha) em brinjal.

Pepino:

Razvi *et al.* (2006) avaliaram a eficácia de alguns pesticidas bio-racionais contra *A. gossypii* no pepino e revelaram que o alho, o Neemplus, o Neemosan e o *Verticillium lecanii* tinham uma mortalidade de 35 a 65%. **Melancia:**

De acordo com o relatório de Gopal e Senguttuvan (1997), o extrato de semente de nim (10%) reduziu a população de pulgões até 91,5% na melancia.

Feijões:

Bahar *et al.* (2007) testaram a eficácia de alguns extractos botânicos em afídeos que atacam o feijão comprido e concluíram que o extrato de neem deu 53 a 64% de mortalidade em comparação com plantas não tratadas. **Cártamo:**

De acordo com o relatório de Pawar (2010), entre os botânicos testados contra o pulgão no cártamo, o óleo de nim 0,5 por cento, o extrato de semente de nim 5 por cento e o extrato de folha de nim 10 por cento tiveram melhor desempenho. O óleo de neem a 0,5 por cento revelou-se mais eficaz e registou um rendimento de sementes significativamente mais elevado, seguido do extrato de folhas de neem e NSKE. O extrato de folhas de Ardusi *(Adhatoda vasiaca)* a 10% foi considerado inferior contra o afídeo e registou o menor rendimento de sementes.

2.3.2 Insecticidas microbianos:

Verticillium lecanii ocorre em todo o mundo em cochonilhas moles, afídeos e homópteros afins. É totalmente inócuo para a maioria dos outros insectos e para outros organismos. Em Israel, aparece principalmente como agente patogénico de afídeos e cochonilhas. *V. lecanii* é um entomopatógeno bem documentado de insetos da ordem homóptera, mais comumente pulgões, cochonilhas e moscas brancas em regiões tropicais e subtropicais (Ramarethinam *et al.*, 2005).

Jaichakravarthy (2002) estudou a bioeficácia de um bioagente fúngico, *V. lecanii*, contra pragas sugadoras e observou que, 14 dias após o tratamento, *V. lecanii* a 4 x 10^5 cfu/ml mostrou uma mortalidade apreciável (85,37%) de afídeo *(A. gossypii)* em brinjal. A aplicação de *V. lecanii* a 5 g/litro resultou numa redução de 50 por cento de *A. gossypii* no algodão em Gujarat (Ghelani *et al*, 2006). Nirmala *et al.* (2006) referiram que os isolados de *Metarhizium anisopliae* eram patogénicos para *A. gossypii.*

Anitha e Nandihalli (2008) descobriram que *V. lecanii* (0,1%) e *M. anisopliae* (0,1%) foram significativamente superiores ao controlo não tratado no controlo da população de pulgões no quiabeiro. Registaram uma relação custo-benefício incremental líquido (NICBR) baixa (12,71) nas parcelas tratadas com *M. anisopliae.*

Chavan *et al.* (2008) avaliaram a bioeficácia de formulações líquidas de *V. lecanii* contra *A. gossypii* e relataram que a formulação teve eficácia significativamente maior em *M. anisopliae* (38,80 q/ha) e *V. lecanii* (38,50 q/ha).

Sabbour (2009) relatou que *A. gossypii* diminuiu significativamente após tratamentos com *M.*

anisopliae em comparação com o tratamento de controlo. Saranya *et al.* (2010) efectuaram estudos de bioensaio em laboratório com seis concentrações diferentes. Entre os cinco fungos entomopatogénicos testados, *Beauveria bassiana* (Bals.) Vuill., *M. anisopliae, V. lecanii, Hirsutella thompsonii* (Fisher) e *Cladosporium oxysporum* (Berk. e Curt.), *V. lecanii, H. thompsonii* e *B. bassiana* foram considerados os isolados virulentos promissores contra *A. gossypii*, apresentando 100% de mortalidade.

Karkar (2012) verificou que, quando *V. lecanii* e *M. anisopliae* foram pulverizados a 40 g/ 10 litros de água, a população de pulgões em brinjal foi significativamente mais baixa (0,98 a 1,12 pulgões/folha). Vaghasia *et al.* (2012) relataram que *V. lecanii* @ 4g/litro de água foi eficaz no controlo do pulgão nos coentros. Resultou numa mortalidade ninfal de 68,10% aos 10 dias após a aplicação.

3. MATERIAIS E MÉTODOS

As presentes investigações sobre a abundância sazonal e a gestão ecológica do pulgão, *Aphis gossypii* Glover (Homoptera: Aphididae) que infesta o isabgol, *Plantago ovata* Forskel, foram realizadas na Quinta Medicinal e Aromática, Universidade Agrícola de Anand, Anand (Gujarat) durante o *rabi* de 2013 e 2014. Os materiais utilizados e a metodologia adoptada durante estes estudos são apresentados neste capítulo.

3.1 Abundância sazonal de afídeos que infestam o isabgol

Para estudar a abundância sazonal do pulgão, *A. gossypii*, que infesta o isabgol (Gujarat Isabgol-2) em relação a diferentes parâmetros meteorológicos, as suas observações foram registadas em intervalos semanais na cultura não pulverizada cultivada numa área de 500 metros quadrados durante a estação *rabi* do ano 2013 e 2014. Para o efeito, toda a parcela da cultura de isabgol foi dividida em cinco quadrículas iguais (100 m^2). Foram selecionadas aleatoriamente cinco plantas de cada quadrado e marcadas para registar as observações. O número de pulgões presentes em três espigas de cada planta marcada foi registado semanalmente, de manhã, de acordo com o método sugerido por Sagar *et al.* (1987). Assim, a população de pulgões foi registada num total de 25 plantas e o número médio de pulgões por espiga foi calculado. As observações foram efectuadas desde uma semana após a germinação até à colheita da cultura. Toda a parcela experimental foi mantida sem pulverização de quaisquer pesticidas.

3.1.1 Estudo de correlação

Para determinar o impacto específico de diferentes parâmetros meteorológicos sobre *A. gossypii* em isabgol, os dados relativos ao número de afídeos por espiga foram correlacionados com os diferentes parâmetros meteorológicos [temperatura, humidade relativa, horas de sol, pressão de vapor e velocidade do vento] registados no Departamento de Meteorologia, B. A. College of Agriculture, Anand Agricultural University, Anand [apêndice I]. Os valores do coeficiente de correlação foram calculados através de um procedimento estatístico padrão (Steel e Torrie, 1980) no

Departamento de Estatística Agrícola, B. A. College of Agriculture, AAU, Anand.

3.2 Impacto dos métodos de sementeira e dos fertilizantes azotados na incidência do afídeo *A. gossypii*

A fim de estudar o impacto dos métodos de sementeira e dos fertilizantes azotados na incidência do afídeo *A. gossypii*, foi realizada uma experiência de campo (Placa-1). A cultura foi cultivada através da adoção das práticas agronómicas recomendadas.

3.2.1 Pormenores da experiência

(a)   Tipo de solo : Franco-arenoso *(Goradu)*

(b)   Época e ano : *rabi* 2013 e 2014

(c)   Cultura e variedade : Isabgol, Guj. Isabgol-2

(d)   Tratamentos:

1. Methods of sowing	1. Broadcasting (S_1) 2. Line sowing at 30 cm (S_2)
2. Nitrogen doses	1. 25 kg N/ha (N_1) 2. 30 kg N/ha (N_2) 3. 35 kg N/ha (N_3) 4. 40 kg N/ha (N_4)

Placa 1: Vista geral do sítio experimental

(f) Conceção   : RBD (Fatorial)

(g) Réplicas   : Quatro

(h) Dimensão da parcela   : 1) Bruto: 3,5 x 2,1 m^2

                                               2) Rede: 2,0 x 1,5 m^2

(i) Espaçamento   : Espaçamento entre linhas de 30 cm

Nota: A meia dose de azoto e a dose completa de fósforo

foi dada no momento da sementeira como aplicação basal, enquanto que a restante meia dose de azoto foi dada um mês após a sementeira.

3.2.2 Método de registo das observações

O impacto dos níveis de azoto e dos métodos de sementeira no isabgol foi avaliado com base no número de afídeos por espiga e no rendimento das plantas. Para registar as observações sobre os afídeos, foram selecionadas aleatoriamente cinco plantas de cada área da parcela de rede. As observações foram registadas semanalmente, a partir do início da incidência de afídeos, e continuaram até à colheita da cultura. Os rendimentos de cada parcela da rede foram registados na colheita. Toda a parcela experimental foi mantida livre de qualquer aplicação de inseticida. Além disso, as observações sobre a altura e a largura das plantas de cinco plantas marcadas de cada parcela da rede foram registadas aos 30, 60 e 90 dias após a sementeira. Com base nestes registos, foram calculados os valores do coeficiente de correlação entre as contagens de afídeos e a copa das plantas.

Análise estatística dos dados

Os dados sobre o número de afídeos por espiga foram submetidos a ANOVA depois de transformados em raiz quadrada, enquanto os dados sobre o rendimento foram analisados sem transformação. Os dados foram analisados periodicamente, bem como agrupados ao longo de períodos.

3.3 Avaliação de biopesticidas contra *A. gossypii* que infestam o isabgol

A fim de determinar a bioeficácia relativa dos biopesticidas contra *A. gossypii* em isabgol, foi realizada uma experiência de campo. Os pormenores da experiência de campo são apresentados a seguir.

3.3.1 Pormenores da experiência

a) Data de sementeira

: 30th novembro de 2012 (Primeiro ano)

: 9th dezembro de 2013 (segundo ano)

b) Cultura e variedade
: Isabgol, Guj. Isabgol-2

c) Tratamentos
: 7+1 (Quadro 1)

Quadro 1: Pormenores dos biopesticidas utilizados para determinar a sua bioeficácia contra *A. gossypii* que infesta o isabgol

Sr. No.	Name of biopesticides	Trade name	Conc. (%)	Dose (g or ml per 10 lit of water)	Source
T_1	Neem oil	-	0.3	30 ml	Nico Orgo Manures, Dakor, Gujarat.
T_2	Azadirachtin 0.15%	Gronim	0.4	40 ml	National Tree Growers Cooperative Federation Ltd.,Gujarat.
T_3	Neem Seed Extract (NSE)	-	5.0	500 g	Department of Entomology, A.A.U, Anand, Gujarat.
T_4	Azadirachtin 0.15%	Niconeem	0.4	40 ml	Nico Orgo Manures, Dakor, Gujarat.
T_5	*Beauveria bassiana* (2×10^8cfu/g)	Biosoft	0.4	40 g	Agriland Biotech Ltd.,Samlaya, Gujarat.
T_6	*Lecanicillium lecanii* (2×10^8 cfu/g)	Vertisoft	0.4	40 g	Agriland Biotech Ltd.,Samlaya, Gujarat.
T_7	*Metarhizium anisopliae* (2×10^8 cfu/g)	Metasoft	0.4	40 g	Agriland Biotech Ltd.,Samlaya, Gujarat.
T_8	Control (Water spray)	-	-	-	-

d) Conceção   : RBD

e) Replicações   : 4

f) Tamanho da parcela   : 1) Bruto: 3,5 x 2,1 m^2

                                        2) Rede: 2,0 x 1,5 m^2

g) Espaçamento   : Espaçamento entre linhas de 30 cm

h) Dose de fertilizante   : 25: 25: 0 (N: P: K Kg/ha)

i) Pulverização:

Year	Spray	Date of spraying
2013	1st	05/02/2013
	2nd	02/03/2013
2014	1st	04/02/2014
	2nd	01/03/2014

3.3.2 Método de aplicação de insecticidas

As pulverizações insecticidas foram aplicadas à medida que se notava uma incidência suficiente de afídeos na cultura do isabgol. Dependendo da pressão da praga, foram efectuadas duas pulverizações utilizando um pulverizador de dorso com um bico de cone oco de névoa fina.

3.3.3 Método de registo das observações

Para efeitos de registo das observações, foram selecionadas aleatoriamente cinco plantas da área da parcela líquida e marcadas. As observações sobre o número de afídeos presentes em três espigas de cada planta marcada foram registadas antes, bem como 3, 5 e 7 dias após cada pulverização. A cultura de isabgol foi colhida à medida que estava pronta para a colheita. As sementes foram separadas das plantas de isabgol e pesadas em cada parcela. A eficácia dos tratamentos foi avaliada com base na eficácia dos biopesticidas contra *A. gossypii, no* rendimento das sementes e na economia.

Análise estatística dos dados

Os dados sobre o número de afídeos por espiga foram analisados depois de transformados em raiz quadrada, enquanto os dados sobre o rendimento foram analisados sem qualquer transformação. Os dados foram analisados periodicamente, agrupados por períodos e pulverizações, bem como agrupados por períodos, pulverizações e anos para verificar a consistência do desempenho do tratamento.

3.3.4 Estimativa das perdas evitáveis

A percentagem de perda de rendimento devido à infestação de *A. gossypii* foi calculada comparando o rendimento mais elevado obtido no tratamento com os diferentes tratamentos, utilizando a seguinte fórmula

$$\text{Avoidable loss (\%)} = \frac{\underline{\text{Highest yield in treated plot} - \text{yield in treated plot}}}{\text{Highest yield in treated plot}} \times 100$$

Economia :

Foram feitos esforços para calcular a relação custo-benefício incremental (RCIB) a partir dos dados experimentais, a fim de avaliar os aspectos económicos dos diferentes tratamentos biopesticidas. Para o efeito, o custo total da proteção das plantas para cada tratamento foi calculado com base na formulação inseticida utilizada e nos custos de mão de obra para a sua aplicação. A realização bruta foi calculada deduzindo o custo do tratamento do rendimento bruto recebido por cada tratamento. A realização líquida foi obtida deduzindo a realização bruta do controlo da dos tratamentos. Finalmente, o ICBR para cada tratamento foi calculado dividindo a realização pelo custo total da proteção das plantas.

3.2 Suscetibilidade relativa das variedades/genótipos de isabgol à incidência de afídeos

Foi feita uma tentativa de estudar a suscetibilidade relativa das variedades/genótipos de isabgol à incidência de afídeos, uma das pragas mais comuns e destrutivas da cultura. Para o efeito, foram utilizadas as variedades/genótipos cultivados na quinta de Plantas Medicinais e Aromáticas, AAU, Anand. Havia três variedades e três genótipos, *a saber:* Gujarat Isabgol-1, Gujarat Isabgol-2, Gujarat Isabgol-3, Niharika, Anand early-10 e Kutch local. Cada uma das variedades/genótipos foi cultivada numa área de cerca de 150 metros quadrados. As sementes de cada variedade/genótipo foram semeadas durante a 4th semana de novembro e a 2nd semana de dezembro em 2013 e 2014, respetivamente. A cultura foi cultivada mantendo uma distância de 30 cm entre duas linhas. As práticas agronómicas de rotina necessárias, como a monda, a irrigação, a interculturalidade e a aplicação de fertilizantes, foram realizadas sempre que necessário. Todas as parcelas experimentais foram mantidas livres de qualquer aplicação de pesticidas químicos, exceto a aplicação de fungicida (Metalaxyl-MZ) por pulverização única, para proteger a cultura da doença do oídio. Foram tomadas as devidas precauções para o cultivo da cultura.

A fim de registar as observações sobre a população de afídeos em diversas variedades/genótipos de isabgol e analisar os dados, a parcela inteira de cada variedade/genótipo foi dividida em quatro subparcelas de igual tamanho. Cada subparcela foi ainda dividida em quatro segmentos. Em cada segmento, foi marcado um quadrado de 1m x 1m. Cada quadrado foi considerado como uma repetição. Foram selecionadas aleatoriamente cinco plantas de cada quadrado e marcadas para registar as observações da incidência de afídeos.

Três espigas de cada planta selecionada foram observadas criticamente quanto à presença de afídeos e contado o seu número. Estas observações foram registadas semanalmente a partir do aparecimento do pulgão e continuaram até à maturidade da cultura. Foi efectuado um total de 10 observações durante os dois anos de estudo. Finalmente, calculou-se a população de pulgões/espiga. Os dados assim obtidos foram analisados estatisticamente com recurso a um modelo de blocos aleatórios.

4. RESULTADOS E DISCUSSÃO

Os resultados das presentes investigações sobre a abundância sazonal e a gestão ecológica do afídeo *Aphis gossypii* Glover que infesta o isabgol, *Plantago ovata* Forskel, são descritos neste capítulo sob diferentes títulos e discutidos com revisões relevantes que têm uma relação direta ou indireta com as presentes investigações.

4.1 Abundância sazonal de *A. gossypii* em isabgol em relação a diferentes parâmetros meteorológicos

Foi efectuado um estudo sobre a abundância sazonal de *A. gossypii* em isabgol var. Gujarat isabgol-2 no Esquema de Plantas Medicinais e Aromáticas, Universidade Agrícola de Anand, Anand (Gujarat) durante o *rabi* de 2013 e 2014. As observações sobre o número de afídeos por espiga foram registadas em intervalos semanais, a partir de uma semana após a germinação, e continuaram até à maturidade da cultura. Os dados sobre a ocorrência sazonal do afídeo *A. gossypii* registados na cultura de isabgol são apresentados no quadro 2 e representados na figura 1. Os dados indicam que o pulgão apareceu pela primeira vez durante a última semana de janeiro em 2013, ao passo que foi observado uma semana antes em 2014. A incidência da praga na cultura do isabgol foi observada de meados de janeiro a março. Inicialmente, a sua população era baixa (0,45 a 0,47 pulgões/espiga), aumentando gradualmente o seu número e atingindo um nível máximo (Fig. 1) durante a terceira semana de fevereiro de 2013 (22,71 pulgões/espiga) e 2014 (33,41 pulgões/espiga). Posteriormente, registou-se uma tendência decrescente e desapareceu a partir da segunda quinzena de março.

Quadro 2: Abundância sazonal do afídeo *A. gossypii* no isabgol

Month and Week		Weeks after sowing	Meteorological Standard week (MSW)	Average number of aphids/ spike	
				2013	2014
January	II	6	2	0.00	0.00
	III	7	3	0.00	0.47
	IV	8	4	0.45	4.38
February	I	9	5	1.40	19.72
	II	10	6	1.52	11.71
	III	11	7	22.71	33.41
	IV	12	8	19.20	7.33
March	I	13	9	12.34	4.57
	II	14	10	7.87	1.26
	III	15	11	1.18	0.00
	IV	16	12	0.00	0.00

Na ausência de tal tipo de revisão da literatura disponível, os resultados actuais não puderam ser comparados e discutidos. No entanto, um único relatório de Sagar *et al.* (1987) do Punjab concluiu que a *A. gossypii* em isabgol apareceu pela primeira vez na segunda semana de fevereiro e aumentou gradualmente até 6 de março, tendo quase desaparecido a 20 de março. Os resultados actuais divergem ligeiramente do relatório acima referido. Esta variação pode ser atribuída a mudanças nas condições ecológicas. O pulgão, *A. gossypii*, é uma praga sugadora polífaga que ataca várias culturas hospedeiras e que oscila mais ou menos ao longo do ano. A sua ocorrência e abundância podem variar de uma região para outra e mesmo de uma cultura para outra numa dada localidade.

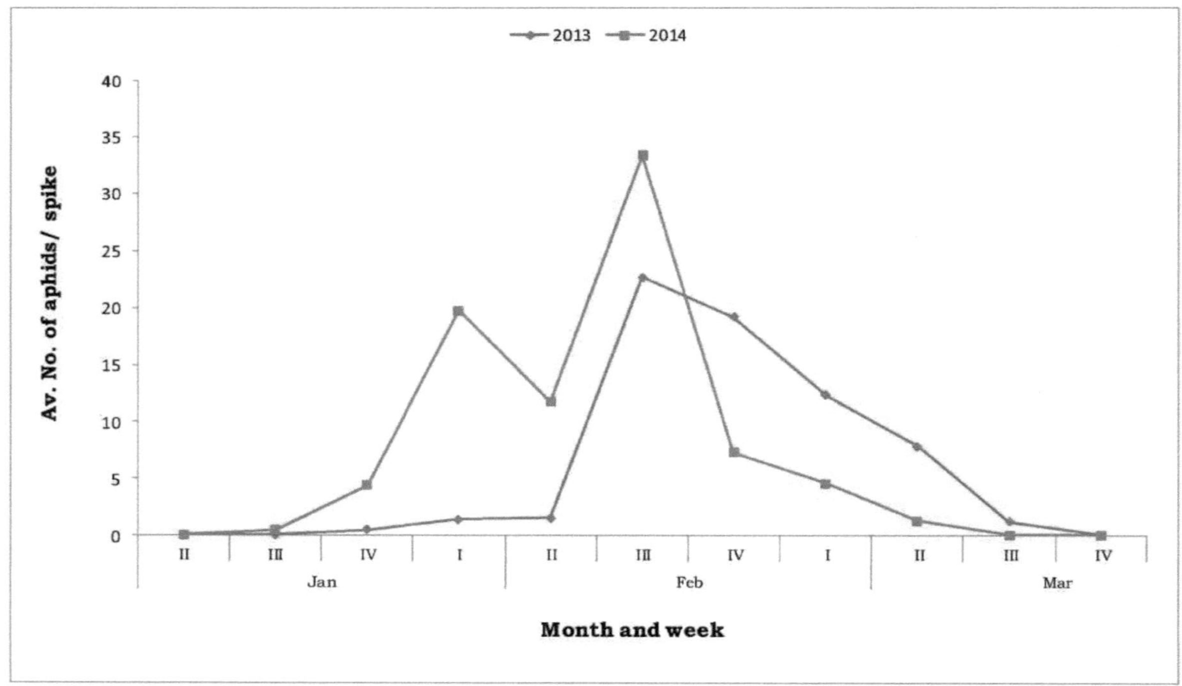

Fig. 1: Abundância sazonal do afídeo *A. gossypii* em isabgol

4.1.2 Correlação com os parâmetros meteorológicos

Os valores do coeficiente de correlação (r) entre a população de afídeos *A. gossypii* na cultura de isabgol e vários parâmetros climáticos foram calculados e apresentados no Quadro 3.

Quadro 3: Coeficiente de correlação entre a população de afídeos na cultura do isabgol e os parâmetros meteorológicos

Years	Temperature °C		Relative humidity (%)		BSS	WS (Kmph)	Vapour pressure (Hg/mm)	
	Max.	Min.	Morn.	Eve.			Morn.	Eve.
2013	0.197	-0.083	0.146	-0.073	0.315	-0.011	0.059	0.024
2014	0.071	-0.347	0.377	-0.071	0.269	-0.412	0.312	0.150

BSS= Brilho do Sol
WS= Velocidade do vento
Os dados indicam que os factores climáticos influenciaram de forma diferente

(positiva ou negativamente) sobre a incidência de pulgões, mas em nenhum dos casos influenciou significativamente. Houve uma associação positiva entre a temperatura máxima e a densidade de pulgões na cultura do isabgol, enquanto a temperatura mínima influenciou negativamente a praga (Fig. 2). Isto indica que ambos os factores abióticos influenciaram de forma diferente a população de pulgões. Esta constatação está em conformidade com os resultados de Bhoi (2008) e Rathod *et al.* (2009), que mostraram uma correlação positiva e negativa entre a temperatura máxima e mínima e a população do pulgão *A. gossypii* na cultura do quiabo e do algodão, respetivamente. Alguns trabalhadores documentaram no passado uma relação positiva entre a temperatura máxima e a incidência de *A. gossypii* em brinjal (Prasad e Longiswaran, 1997), isabgol (Patel, 2002), algodão (Selvaraj *et al.* 2010 e Tomar, 2012) e funcho (Patel *et al.* 2011). Do mesmo modo, a associação negativa entre a temperatura mínima e a população de *A. gossypii* no sésamo (Kumar *et al.,* 2010), no tomate (Kaushik, 2011) e na couve-galega

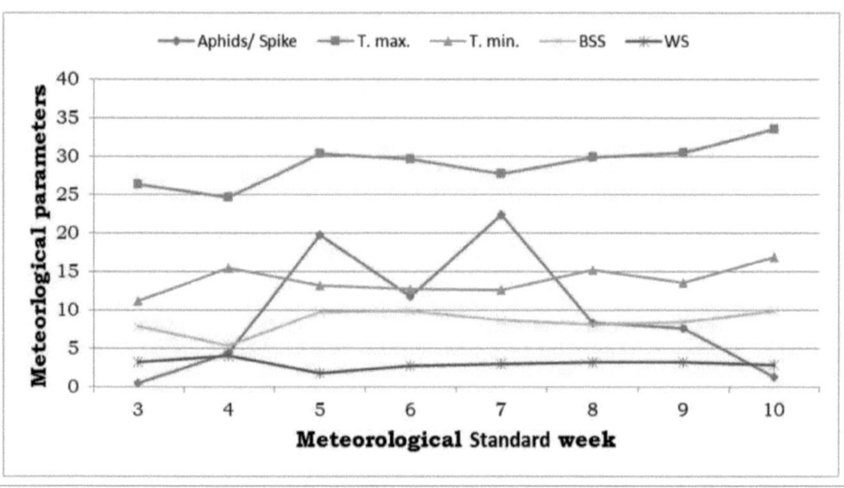

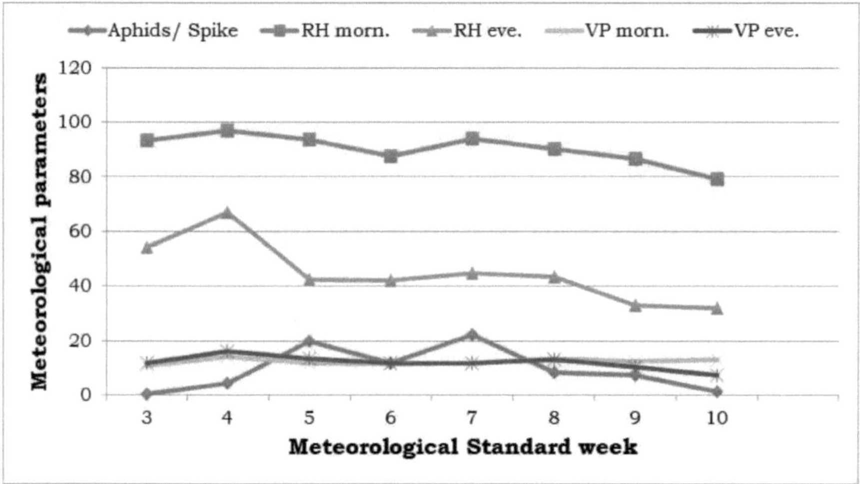

Fig. 3: Efeito de vários factores abióticos na abundância de afídeos, *A. gossypii* em isabgol durante 2014

(Arif, 2012) também já foi referido no passado. Todos estes relatórios estão de acordo com os presentes resultados.

A humidade relativa da manhã e da tarde exerceu um efeito positivo e negativo na população de pulgões, *A. gossypii*, respetivamente (Fig. 3). Isto está de acordo com os resultados de Selvaraj *et al.* (2010), que referiram que a acumulação da população de pulgões no algodão estava correlacionada positivamente com a humidade relativa matinal e negativamente com a humidade relativa vespertina.

Gethiya (1992) afirmou que a humidade relativa matinal estava positivamente correlacionada com a população de pulgões nos coentros. Anitha (2007) encontrou uma correlação positiva entre a incidência do afídeo *A. gossypii* no quiabeiro e a humidade relativa da manhã. Do mesmo modo, Ramya e Veeravel (2010) referiram que a humidade relativa matinal tinha uma correlação positiva com a população de afídeos em brinjal. Estes relatórios coincidem com os resultados do presente estudo, em que foi encontrada uma relação positiva entre a humidade relativa matinal e a população de afídeos, *A. gossypii*, em isabgol. No presente estudo, a humidade relativa da tarde influenciou negativamente o afídeo *A. gossypii* no isabgol. Isto está de acordo com o relatório de Kaushik (2011), que concluiu que a humidade relativa nocturna teve uma influência negativa significativa na população de *A. gossypii* no tomateiro.

As horas de sol tiveram uma relação positiva com o pulgão, *A. gossypii* incidência na cultura isabgol, como revelado a partir dos valores do coeficiente de correlação trabalhados para o ano de 2013 e 2014. Esta constatação está em conformidade com os relatórios de Ghetiya (1992), Devi *et al.* (2002), Nonita *et al.* (2007), Bhoi (2008), Sattar (2009), Ramya e Veeraval (2010), Selvaraj (2010) e Patel *et al.* (2011), que mostraram uma associação positiva entre as horas de sol e a incidência do pulgão *A. gossypii* registada em diferentes culturas de campo (coentros, brinjal, quiabo, algodão e funcho). A velocidade do vento influenciou negativamente a incidência *de A. gossypii* no isabgol. No passado, alguns cientistas tinham documentado a correlação negativa entre a velocidade do vento e o pulgão, a incidência de *A. gossypii* no quiabeiro (Bhoi, 2008), no algodão (Rathod *et al.,* 2009 e Selvaraj, 2010) e na brinjal (Ramya e Veeraval, 2010, Savitha *et al.* 2010 e Arif, 2012). Todos estes relatórios apoiam as conclusões acima referidas.

A pressão de vapor (de manhã e à noite) influenciou positivamente a população de pulgão, *A. gossypii*, em isabgol. A partir da fonte de literatura disponível, verificou-se que não existe uma revisão sobre a associação entre a pressão de vapor e a incidência de afídeos, especialmente na cultura de isabgol, pelo que os resultados actuais não puderam ser comparados e discutidos.

4.2   Impacto dos métodos de sementeira e dos fertilizantes azotados nos afídeos que infestam o isabgol

A fim de determinar o impacto dos métodos de sementeira e dos fertilizantes azotados na incidência de pulgões que infestam o isabgol, foram registadas observações sobre a população de pulgões em diferentes tratamentos da experiência. Essas observações foram registadas em intervalos semanais a partir da sétima semana após a sementeira (WAS) e continuaram até à maturidade da cultura. Os dados assim obtidos para os anos de 2013 e 2014 são apresentados no Quadro 4 e no Quadro 5, respetivamente.

Quadro 4: Efeito dos métodos de sementeira e dos diferentes regimes de fertilizantes azotados no pulgão que infestou o isabgol em 2013

Treatments	Number of aphids/ spike at different intervals (Weeks after sowing)						
	7th	8th	9th	10th	11th	12th	Pooled
Sowing (S) S_1	1.43* (1.54)	2.96 (8.26)	5.11 (25.61)	4.39 (18.77)	5.18 (26.33)	3.58 (12.32)	3.78b (13.79)
S_2	1.37 (1.38)	2.68 (6.68)	2.98 (8.38)	3.97 (15.26)	3.60 (12.46)	2.79 (7.28)	2.90a (7.91)
S.Em. ±	0.04	0.05	0.08	0.07	0.07	0.04	0.02
C.D. at 5 %	NS	0.15	0.23	0.20	0.20	0.13	0.07
Nitrogen levels (N) N_1	1.46 (1.63)	2.24 (4.52)	3.87 (14.48)	3.54 (12.03)	3.36 (10.79)	3.15 (9.42)	2.94a (8.14)
N_2	1.49 (1.72)	2.87 (7.74)	3.55 (12.10)	4.00 (15.50)	3.96 (15.18)	2.82 (7.45)	3.12b (9.23)
N_3	1.44 (1.57)	3.27 (10.19)	4.30 (17.99)	4.20 (17.14)	4.36 (18.51)	2.74 (7.01)	3.39c (10.99)
N_4	1.22 (0.99)	2.91 (7.97)	4.46 (19.39)	4.97 (24.20)	5.89 (34.19)	4.02 (15.66)	3.91d (14.79)
S.Em. ±	0.06	0.07	0.11	0.10	0.09	0.06	0.03
C.D. at 5 %	0.16	0.21	0.32	0.29	0.28	0.18	0.10
S.Em. ± P	-	-	-	-	-	-	0.04
P x S	-	-	-	-	-	-	0.06
P x N	-	-	-	-	-	-	0.09
S x N	0.08	0.10	0.16	0.14	0.13	0.09	0.05
P x S x N	-	-	-	-	-	-	0.12
C.D. at 5 % P	-	-	-	-	-	-	0.12
P x S	-	-	-	-	-	-	0.17
P x N	-	-	-	-	-	-	0.24
S x N	0.23	0.30	0.46	0.41	0.39	0.26	0.14
P x S x N	-	-	-	-	-	-	0.34
C. V. (%)	11.09	7.24	7.70	6.60	6.06	5.46	7.26

Os números são valores $\sqrt{x + 0.5}$ valores transformados, enquanto os valores entre parênteses são valores re-transformados
NS = Não significativo
As médias dos tratamentos com letra(s) em comum não são significativas por lsd a um nível de significância de 5

Quadro 5: Efeito dos métodos de sementeira e dos diferentes regimes de fertilizantes azotados no pulgão que infestou o isabgol durante 2014

Treatments	Number of aphids/ spike at different intervals (weeks after sowing)						
	7th	8th	9th	10th	11th	12th	Pooled
Sowing (S)	2.37*	4.58	5.40	3.72	2.92	2.05	3.51b
S_1	(5.12)	(20.48)	(28.66)	(10.19)	(8.03)	(3.70)	(11.72)
	1.32	3.27	4.03	2.16	1.75	1.25	2.30a
S_2	(1.24)	(10.19)	(15.74)	(4.17)	(2.56)	(1.06)	(4.79)
S.Em. ±	0.04	0.12	0.09	0.07	0.05	0.05	0.02
C.D. at 5 %	0.13	0.35	0.27	0.20	0.15	0.16	0.07
Nitrogen levels (N)	1.57	3.59	3.99	2.43	1.79	1.19	2.43a
N_1	(1.96)	(12.39)	(15.42)	(5.40)	(2.70)	(0.92)	(5.40)
	1.89	4.40	4.85	2.35	1.97	1.34	2.80b
N_2	(3.07)	(18.86)	(23.02)	(5.02)	(3.38)	(1.30)	(7.34)
	2.08	3.60	5.26	3.19	2.60	1.91	3.11c
N_3	(3.83)	(12.46)	(27.17)	(9.68)	(6.26)	(3.15)	(9.17)
	1.85	4.12	4.78	3.79	2.97	2.16	3.28d
N_4	(2.92)	(16.47)	(22.35)	(13.86)	(8.32)	(4.17)	(10.26)
S.Em. ±	0.06	0.17	0.13	0.10	0.08	0.08	0.03
C.D. at 5 %	0.18	0.49	0.38	0.29	0.22	0.23	0.10
S.Em. ± P	-	-	-	-	-	-	0.06
P x S	-	-	-	-	-	-	0.08
P x N	-	-	-	-	-	-	0.11
S x N	0.08	0.24	0.18	0.14	0.11	0.11	0.05
P x S x N	-	-	-	-	-	-	0.16
C.D. at 5 % P	-	-	-	-	-	-	0.16
P x S	-	-	-	-	-	-	0.22
P x N	-	-	-	-	-	-	0.31
S x N	0.26	0.69	0.54	0.41	0.31	0.32	0.14
P x S x N	-	-	-	-	-	-	0.44
C. V. (%)	9.57	11.99	7.72	9.43	9.06	13.12	10.84

*Os números são valores $\sqrt{x + 0.5}$ valores transformados, enquanto os valores entre parênteses são valores re-transformados

As médias dos tratamentos com letra(s) em comum não são significativas por lsd a um nível de significância de 5

4.2.1 Impacto dos métodos de sementeira nos afídeos

4.2.1.1 Primeiro ano (2013):

Os dados apresentados no quadro 4 indicam que a população de pulgões registada aos 7 DAA não revelou uma variação significativa em ambos os métodos de sementeira, isto é, sementeira em linha e sementeira em radial, mas foi registado um número relativamente maior de pulgões no primeiro tratamento do que no último. A população de pulgões registada de 8th a 12th WAS mostrou uma diferença significativa entre ambos os métodos de sementeira. Registou-se um número significativamente maior de pulgões nas parcelas em que as sementes de isabgol foram difundidas em comparação com a sementeira em linha. Os dados agrupados ao longo do período, calculados para o primeiro ano, indicaram que foi registada uma população de pulgões significativamente mais elevada (13,79 pulgões/espiga) nas culturas semeadas pelo método de difusão do que nas parcelas semeadas em linha, que apresentaram 7,91 pulgões/espiga.

4.2.1.2   Segundo ano (2014) :

Tal como no ano anterior, um total de seis observações (Quadro 5) sobre a população de pulgões foram registadas a intervalos semanais durante o ano seguinte de experimentação. Os dados de todas as seis observações revelaram uma diferença significativa no número de pulgões registados em ambos os tratamentos principais dos métodos de sementeira. O tratamento de difusão de sementes apresentou uma população de pulgões que variou de 3,70 a 28,66 pulgões/espiga, contra 1,06 a 15,74 pulgões/espiga no método de sementeira em linha. Dados agrupados ao longo do período trabalhado para o ano de 2014 mostraram maior incidência de pulgões (11,72 pulgões/espiga) nas parcelas do método de semeadura por difusão em relação às parcelas de semeadura em linha (4,79 pulgões/espiga).

Os dados gerais agrupados (agrupados por períodos e anos) (Tabela 6) indicaram claramente que o tratamento de difusão apresentou uma população de pulgões numericamente maior (12,75 pulgões/espiga) do que o tratamento de semeadura em linha, que registrou 6,26 pulgões/espiga. A partir destes resultados, inferiu-se que o método de sementeira por difusão das sementes de isabgol proporcionou condições congénitas e favoreceu a multiplicação de pulgões, o que pode ter resultado numa maior população da praga, ao passo que a sementeira em linha apresentou uma menor população de pulgões. Esta constatação está de acordo com o relatório de Patel e Borad (2005), que concluíram que a cultura de isabgol difundida sofreu muito com o pulgão *A. gossypii,* enquanto a cultura semeada em linha (30 cm de distância) foi relativamente menos infestada pela praga. Exceto este relatório solitário, nenhum dos trabalhadores anteriores estudou o impacto dos métodos de sementeira nos afídeos que infestam a cultura de isabgol. No entanto, alguns investigadores no passado documentaram a maior incidência de pragas sugadoras em espaçamentos estreitos/alta densidade de plantas do que em espaçamentos mais largos/baixa densidade de plantas.

Abd EL-Malak e Salem (2002) constataram que as pragas sugadoras eram abundantes na batata-doce no tratamento com espaçamento estreito (20 cm) do que no tratamento com espaçamento mais largo (25 cm). Malik *et al.* (2003) também referiram que existia uma relação inversa entre o aumento do espaçamento entre linhas e a população de tripes na cebola. Kalaichelvi (2008) observou uma maior população de afídeos e fungos no algodão *Bt* num espaçamento entre plantas mais próximo de 90 x 45 cm do que 90 x 60 e 120 x 60 cm. Segundo Sarwar (2008), a população do pulgão da mostarda, *Lipaphis erysimi* (Kalt.), aumentou significativamente à medida que o espaçamento entre linhas diminuiu. Todos estes relatórios estão em consonância com as presentes conclusões.

Quadro 6: Efeito dos métodos de sementeira e dos diferentes regimes de fertilizantes azotados no pulgão que infesta o isabgol (em conjunto)

Treatments	Mean number of aphids/ spike					
	2013		2014		Pooled	
Sowing (S) S_1	3.78*b (13.79)		3.51b (11.72)		3.64 (12.75)	
S_2	2.90a (7.91)		2.30a (4.79)		2.60 (6.26)	
S.Em. ±	0.02		0.02		0.12	
C.D. at 5 %	0.07		0.07		NS	
Nitrogen levels (N) N_1	2.94a (8.14)		2.43a (5.40)		2.68a (6.68)	
N_2	3.12b (9.23)		2.80b (7.34)		2.96ab (8.26)	
N_3	3.39c (10.99)		3.11c (9.17)		3.25bc (10.06)	
N_4	3.91d (14.79)		3.28d (10.26)		3.59c (12.39)	
S.Em. ±	0.03		0.03		0.08	
C.D. at 5 %	0.10		0.10		0.37	
	S. Em. ±	C. D. at 5 %	S. Em. ±	C. D. at 5 %	S. Em. ±	C. D. at 5 %
Y	-	-	-	-	0.02	0.05
P	0.40	0.12	0.06	0.16	0.67	NS
P x S	0.06	0.17	0.08	0.22	0.29	NS
P x N	0.09	0.24	0.11	0.31	0.24	NS
S x N	0.05	0.14	0.05	0.14	0.21	NS
Y x S	-	-	-	-	0.02	0.07
Y x P	-	-	-	-	0.05	0.14
Y x N	-	-	-	-	0.03	0.10
Y x S x N	-	-	-	-	0.05	0.14
Y x N x P	-	-	-	-	0.10	0.28
Y x S x P	-	-	-	-	0.07	0.20
P x S x N	0.12	0.34	0.16	0.44	0.47	NS
Y x S x N x P	-	-	-	-	0.14	0.39
C. V. (%)	7.26		10.84		9.00	

*Os números são valores $\sqrt{x + 0.5}$ valores transformados, enquanto os valores entre parênteses são valores retransformados
NS = Não significativo
As médias dos tratamentos com letra(s) em comum não são significativas por lsd a um nível de significância de 5

4.2.2 Impacto dos fertilizantes azotados nos afídeos

4.2.2.1 Primeiro ano (2013):

Os dados (Quadro 4) sobre a população de afídeos registados em diferentes tratamentos de fertilizantes azotados aplicados à cultura de isabgol revelaram que esta se manteve ativa a partir de 7th WAS e continuou mais ou menos até 12th WAS. Verificou-se um impacto significativo do fertilizante azotado nos afídeos em todas as observações. Os dados indicam que foi registado um número significativamente máximo de afídeos nas parcelas onde foi aplicada a dose mais elevada (40 Kg/ha) de fertilizante azotado, em comparação com os tratamentos de 25 a 35 Kg N/ha, como é evidente a partir das observações registadas entre 7th e 12th WAS. O tratamento de 40 Kg N/ha apresentou uma população de pulgões que variou de 15,66 a 34,19 pulgões/espiga, seguido de 35 Kg N/ha que apresentou uma população de pulgões que variou de 7,01 a 18,51 pulgões/espiga. Por outro lado, a incidência mínima de pulgões foi encontrada em parcelas que receberam doses mínimas de fertilizantes nitrogenados (25 Kg N/ha). No que diz respeito ao número de pulgões, ambos os tratamentos com doses mais baixas de azoto foram iguais na maioria das observações e apresentaram mais ou menos o mesmo nível de incidência de pulgões.

Os dados agrupados (Tabela 4) trabalhados para o primeiro ano (2013) de experimentação indicaram que a população máxima de pulgões (14,79 pulgões/espiga) foi encontrada em parcelas onde foi aplicada a dose mais alta de fertilizante nitrogenado, seguida pelo tratamento de 35 Kg N/ha (10,99 pulgões/espiga). O tratamento de 40 Kg N/ha registou uma população de pulgões significativamente mais elevada em comparação com os tratamentos de 25 e 30 Kg N/ha, enquanto que o tratamento de 35 Kg N/ha foi igual a estes tratamentos.

4.2.2.2 Segundo ano (2014):

A população de pulgões (Tabela 5) registada em várias parcelas experimentais durante o segundo ano mostrou que houve uma diferença significativa no número de pulgões devido ao impacto do fertilizante nitrogenado aplicado à cultura do isabgol. Foi encontrada uma população significativamente mais elevada da praga no tratamento de 35 a 40 Kg N/ha em relação aos tratamentos de 25 a 30 Kg N/ha, como é evidente a partir das observações registadas a intervalos semanais durante o período de cultivo. Ambos os tratamentos de doses mais baixas de fertilizantes azotados (25 e 30 Kg N/ha) registaram mais ou menos o mesmo número de afídeos e foram estatisticamente iguais.

Os dados agrupados (Tabela 5) computados para o segundo ano indicaram que as parcelas recebidas com 40 Kg N/ha exibiram a população máxima de pulgões (10,26 pulgões/espiga) seguidas pelas parcelas recebidas com 35 (9,17 pulgões/espiga), 30 (7,34 pulgões/espiga) e 25 (5,40 pulgões/espiga) Kg N/ha. O primeiro tratamento diferiu significativamente dos tratamentos de 25 e 30 Kg N/ha ao registar uma população de afídeos significativamente mais elevada. Ambas as doses inferiores de adubo azotado apresentaram populações de afídeos mais ou menos iguais.

4.2.2.3   Total agrupado:

Os dados agrupados ao longo do período (Tabela 6) computados para o ano de 2013 e 2014 indicaram que a população de pulgões diferiu significativamente devido aos métodos de semeadura. Verificou-se uma incidência significativamente menor da praga na cultura de isabgol com sementeira em linha do que com sementeira a lanço (Fig. 4). Os dados globais agrupados mostraram que a população de afídeos não foi significativamente influenciada pelos métodos de sementeira, uma vez que ambos os tratamentos apresentaram diferenças não significativas. No entanto, registou-se um número relativamente maior de contagens de pulgões nas culturas de isabgol semeadas pelo método de difusão do que pelo método de sementeira em linha (espaçamento de 30 cm).

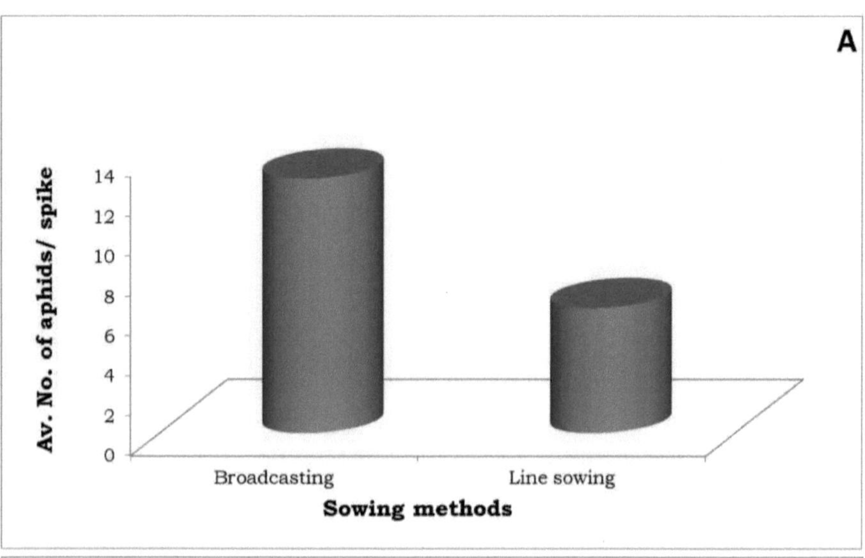

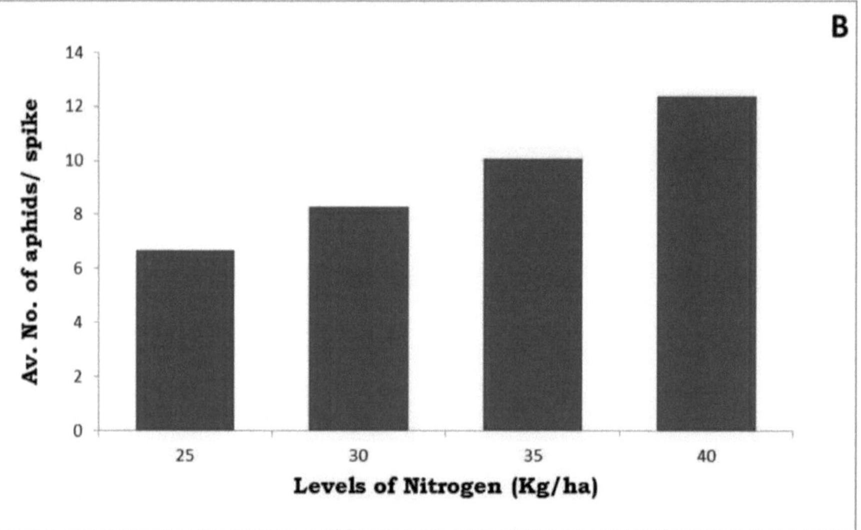

Fig. 4: Efeito dos métodos de sementeira (A) e dos níveis de fertilizante azotado (B) na incidência de *A. gossypii* em isabgol

A aplicação de diferentes regimes de fertilizantes nitrogenados à cultura do isabgol exerceu um impacto significativo na incidência de pulgões, como é evidente a partir dos dados registados durante 2013 e 2014. Os dados globais agrupados indicaram que o menor número de pulgões (6,68 pulgões/espiga) foi registado em parcelas recebidas com a dose mais baixa (25 Kg N/ha) de azoto, seguido de uma dose mais baixa (30 Kg N/ha) de azoto. Por outro lado, o número máximo de pulgões (12,39 pulgões/espiga) foi encontrado nas parcelas que receberam a dose mais alta (40 Kg N/ha) de fertilizante nitrogenado, seguida pela dose mais baixa (35 Kg N/ha). As parcelas que receberam fertilizantes nitrogenados entre 25 e 30 Kg N/ha registaram uma incidência significativamente menor de pulgões em comparação com a dose mais elevada (40 Kg N/ha) do fertilizante. Os dados revelaram claramente que a população de pulgões na cultura do isabgol aumentou com o aumento dos níveis de fertilizante nitrogenado.

A partir dos resultados acima, pode concluir-se que houve uma associação positiva entre a incidência de afídeos e o fertilizante azotado aplicado à cultura do isabgol. A incidência aumentou com o aumento dos níveis de fertilizante azotado e vice-versa. Doses mais elevadas de fertilizante azotado tornam o tecido vegetal mais suculento, criando condições favoráveis à alimentação do afídeo. Além disso, o fertilizante azotado exerce um crescimento luxuriante nas plantas, que se tornam mais atraentes para os insectos. Talvez seja esta a razão do aumento da população de afídeos na cultura do isabgol. Os resultados actuais não puderam ser comparados e discutidos devido à falta de uma análise deste tipo na cultura do isabgol a partir da literatura disponível. Como já foi referido, não existe nenhum relatório disponível sobre o impacto do fertilizante azotado na população de afídeos que infestam o isabgol. No entanto, alguns trabalhadores anteriores já documentaram o aumento da população de afídeos devido aos níveis mais elevados de fertilização azotada em várias culturas, como o algodão (Atakan e Ozgur, 1995, Godfrey *et al.* 2000 e Nevo e Moshe, 2001), *Cosmos* (Almaicoshi *et al.* 1997), pepino (Pettit *et al.* 1994, Hosseini *et al.* 2010 e Xin *et al.* 2010), mesta (Nakat *et al.* 2002), batata (Singh *et al.* 2005) e crisântemo (Rostami *et al.* 2012). No entanto, em contraste com o acima exposto, Chau *et al.* (2002) não encontraram efeitos significativos do azoto no pulgão do algodão, *A. gossypii* abundância em crisântemo.

4.2.3   Estudo de correlação:

O método de sementeira e a aplicação de fertilizantes azotados nas culturas influenciam grandemente a copa das plantas, o que, em última análise, influencia as pragas que atacam a cultura. Tentou-se determinar a relação entre a incidência de afídeos, *A. gossypii*, na cultura do isabgol e a copa das plantas (altura e largura), em função dos métodos de sementeira e dos diferentes regimes de fertilizantes azotados aplicados à cultura. Os dados sobre a incidência de pulgões, a altura e a largura das plantas registados aos 30, 60 e 90 dias após a sementeira (DAS) são apresentados no Quadro 7. Os dados indicam que a altura das plantas tem uma relação positiva com a população de afídeos, como é evidente nas observações registadas aos 30, 60 e 90 DAS.

Quadro 7: População de afídeo *A. gossypii* em isabgol influenciada pela altura e largura da planta em diferentes tratamentos de métodos de sementeira e fertilizante azotado

Treatments	Aphids/ spike (at DAS)			Plant height (at DAS) (cm)			Plant width (at DAS) (cm)		
	30	60	90	30	60	90	30	60	90
S_1N_1	1.95	10.50	1.84	30.57	31.56	32.86	12.24	19.14	21.88
S_1N_2	2.23	19.50	1.60	30.88	32.52	34.14	13.36	21.2	22.62
S_1N_3	1.35	22.63	1.67	31.72	34.16	35.84	15.13	21.96	23.14
S_1N_4	4.94	65.81	2.05	30.92	34.94	38.58	16.66	22.13	24.21
S_2N_1	1.40	11.15	1.05	21.52	24.27	30.65	14.44	21.8	22.33
S_2N_2	1.29	11.49	1.19	24.64	26.12	32.2	15	21.94	23.53
S_2N_3	1.90	14.90	1.40	26.32	28.01	34.64	15.15	22.5	23.77
S_2N_4	1.05	12.77	0.86	27.88	30.73	36.8	16.55	23.1	24.35
Correlation coefficient (r)				0.151	0.618	0.386	-0.822*	-0.180	-0.177

n= 25

* = A correlação é significativa ao nível de 5 % DAS = Dias após a sementeira

Houve uma associação negativa entre o número de *A. gossypii* e a largura das plantas. Foi estabelecida uma correlação significativamente negativa (r = -0,822*) entre a incidência de afídeos na cultura do isabgol e a largura das plantas registada aos 30 DAS. Até à data, não existe nenhum relatório de trabalho sobre este aspeto e, por conseguinte, não foi possível comparar e discutir este resultado com a revisão anterior.

4.2.4 Rendimento das sementes :

Os métodos de sementeira têm um grande impacto no rendimento de sementes da cultura de isabgol, como é evidente a partir dos dados de rendimento registados durante 2013 e 2014 (Quadro 8). Os dados indicam que a cultura semeada em linha (espaçamento de 30 cm) sofreu menos com a incidência do afídeo *A. gossypii*, o que se reflectiu no rendimento das sementes. Foram registados rendimentos de sementes significativamente mais elevados nas parcelas semeadas por sementeira em linha do que por sementeira a lanço (Fig. 5). Os dados agrupados mostraram que a cultura de isabgol cultivada por sementeira em linha produziu um rendimento de sementes significativamente mais elevado (7,90 q/ha) quando comparada com a sementeira a lanço (5,03 q/ha). Os dados (Tabela 8) também indicaram que o rendimento máximo (7,68 q/ha) de sementes foi encontrado nas parcelas recebidas com a dose mínima (25 kg N/ha) de fertilizante nitrogenado, seguido por 30 e 35 kg N/ha durante 2013. Uma quantidade significativamente menor (5,43 q/ha) de rendimento de sementes foi colhida com a dose mais elevada (40 kg N/ha) de azoto. Tendência semelhante do efeito do tratamento sobre o rendimento foi revelada durante 2014 também, em que todos os tratamentos diferiram significativamente uns dos outros.

Quadro 8: Impacto dos métodos de sementeira e dos níveis de azoto no rendimento das sementes de isabgol

Treatments	Seed yield (q/ha)		
	2013	2014	Pooled
S_1	5.10b	4.95b	5.03b
S_2	8.36a	7.44a	7.90a
S. Em. $\pm$ Sowing (S)	0.22	0.16	0.14
C.D. at 5% (S)	0.64	0.47	0.39
N_1	7.68a	7.57a	7.63a
N_2	7.21ab	6.54a	6.88b
N_3	6.60b	5.80b	6.20c
N_4	5.43c	4.87c	5.15d
S. Em. $\pm$ Nitrogen (N)	0.31	0.23	0.19
C.D. at 5% (N)	0.90	0.67	0.54
S. Em. $\pm$ Year (Y)	-	-	0.14
S x N	-	-	0.27
Y x S	-	-	0.19
Y x N	-	-	0.27
Y x S x N	-	-	0.38
C.D. at 5% (Y)	-	-	0.39
S x N	-	-	NS
Y x S	-	-	NS
Y x N	-	-	NS
Y x S x N	-	-	NS
C. V. (%)	12.87	10.37	11.80

NS = Não significativo.
As médias dos tratamentos com letra(s) em comum não são significativas por lsd a um nível de significância de 5

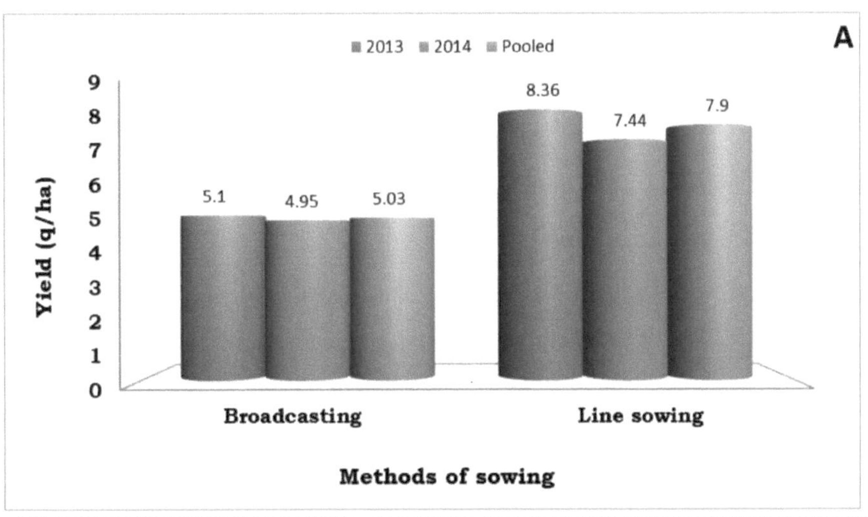

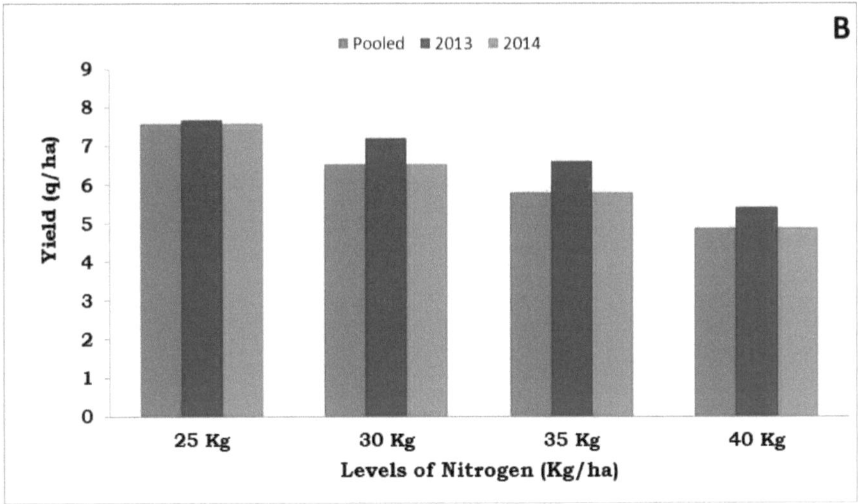

Fig. 5: Efeito dos métodos de sementeira (A) e dos níveis de fertilizantes azotados (B) no rendimento do isabgol

Os dados combinados mostraram que foi obtido um rendimento significativamente máximo (7,63 q/ha) nas parcelas que receberam a dose mínima de azoto (25 Kg N/ha) do que nas outras doses. Por outro lado, o rendimento mínimo (5,15 q/ha) foi registado com a dose mais elevada (40 Kg N/ha) de fertilizante azotado (Fig. 5). Os resultados experimentais concluíram que a aplicação de fertilizantes azotados na cultura do isabgol teve uma influência positiva sobre o afídeo *A. gossypii* e uma associação negativa com o rendimento das sementes.

4.3 Avaliação de biopesticidas contra afídeos que infestam o isabgol

Sete biopesticidas diferentes *viz;* (Ti) Óleo de Neem (0,3%), (T2) Gronim 0,15 EC (0,4%), (T3) Extrato de Semente de Neem (5%), (T4) Niconeem 0,15 EC (0,4%), (T5) *Beauveria bassiana* 2 x 108 cfu/g (0,4%), (T6) *Lecanicillium lecanii* 2 x 108 cfu/g (0.4%) e (T7) *Metarhizium anisopliae* 2 x 108 cfu/g (0,4%) foram avaliados em comparação com (T8) controle não tratado (spray de água) para sua bioeficácia relativa contra pulgões que infestam a cultura de isabgol. A eficácia dos biopesticidas contra os afídeos foi avaliada com base na incidência da praga e nos dados de rendimento. Os dados sobre a população de pulgões registados em diferentes tratamentos durante o *rabi* de 2013 e 2014 são apresentados nos quadros 9 e 10, respetivamente.

4.3.1 Rabi 2013

4.3.1.1 Primeira pulverização :

Os dados apresentados no quadro 9 mostram que não houve diferença significativa entre os diferentes tratamentos antes da aplicação da pulverização inseticida, o que indica que a população de afídeos, *A. gossypii*, era homogénea em todas as parcelas experimentais. A população de pulgões registada aos 3 dias após a pulverização (DAS) indica claramente que diminuiu significativamente em todas as parcelas tratadas em relação ao controlo não tratado (Quadro 9). Entre os vários biopesticidas, Gronim exibiu um número mínimo (0,65 pulgões/espiga) de pulgões, seguido por *M. anisoplae* (0,91 pulgões/espiga), Niconeem (1,00 pulgões/espiga) e Extrato de Semente de Neem (NSE) (1,13 pulgões/espiga). O óleo de neem e *L. lecanii* mostraram-se menos eficazes contra a praga.

As observações registadas aos 5 DAS também mostraram a superioridade do NSE, Gronim e óleo de neem na redução da população de pulgões. No que diz respeito ao número de pulgões, estes tratamentos foram equivalentes ao tratamento com *B. bassiana* e Niconeem. O *L. lecanii* foi menos eficaz contra os afídeos e apresentou uma população mais ou menos semelhante à do controlo não tratado.

Todas as parcelas tratadas registaram um número significativamente menor de pulgões em comparação com as parcelas não pulverizadas, como revelado pelas observações registadas aos 7

DAS. Os dados agrupados calculados para a primeira pulverização revelaram que o menor número de pulgões (0,72 pulgões/espiga) foi encontrado nas parcelas tratadas com Gronim, seguido por *B. bassiana* (0,98 pulgões/espiga). O óleo de Neem e *L. lecanii* mostraram-se menos eficazes na redução da população de pulgões, mas foram significativamente melhores do que o controle sem tratamento.

Quadro 9: Efeito de diferentes biopesticidas no pulgão, *A. gossypii* que infestou o isabgol durante 2013

| Treat. | BS | Mean number of aphids/ spike (at DAS) | | | | | | | | PPS |
| | | First spray | | | | Second spray | | | | |
		3	5	7	PP	3	5	7	PP	
T₁	2.39* (5.19)	1.55 (1.90)	1.24 (1.05)	1.32 (1.25)	1.37 (1.38)	1.22 (0.98)	1.188 (0.91)	0.95 (0.39)	1.12 (0.75)	1.24bcd (1.04)
T₂	2.39 (5.22)	1.07 (0.65)	1.16 (0.85)	1.08 (0.67)	1.11 (0.72)	1.19 (0.90)	1.16 (0.85)	0.87 (0.25)	1.07 (0.65)	1.09a (0.69)
T₃	2.44 (5.47)	1.28 (1.13)	1.13 (0.77)	1.41 (1.49)	1.27 (1.12)	1.19 (0.91)	1.18 (0.89)	1.01 (0.51)	1.12 (0.76)	1.20b (0.94)
T₄	2.67 (6.61)	1.22 (1.00)	1.31 (1.22)	1.29 (1.17)	1.28 (1.13)	1.23 (1.02)	1.156 (0.84)	1.17 (0.88)	1.187 (0.91)	1.23bc (1.01)
T₅	2.51 (5.82)	1.29 (1.15)	1.07 (0.64)	1.29 (1.17)	1.22 (0.98)	1.26 (1.08)	1.22 (0.99)	1.32 (1.25)	1.27 (1.11)	1.24bcd (1.04)
T₆	2.60 (6.24)	1.40 (1.46)	1.52 (1.82)	1.13 (0.78)	1.35 (1.33)	1.56 (1.94)	1.18 (0.90)	1.25 (1.05)	1.33 (1.27)	1.34d (1.30)
T₇	2.63 (6.43)	1.19 (0.91)	1.41 (1.48)	1.35 (1.32)	1.32 (1.23)	1.27 (1.11)	1.327 (1.26)	1.30 (1.18)	1.30 (1.18)	1.31cd (1.22)
T₈	2.69 (6.72)	1.66 (2.25)	1.53 (1.85)	1.77 (2.62)	1.65 (2.23)	1.80 (2.72)	1.597 (2.05)	1.54 (1.87)	1.64 (2.20)	1.65e (2.22)
S. Em. ±										
T	0.10	0.09	0.09	0.08	0.06	0.08	0.09	0.08	0.04	0.04
Period (P)	-	-	-	-	0.03	-	-	-	0.03	0.02
Spray (S)	-	-	-	-	-	-	-	-	-	0.02
T x P	-	-	-	-	0.08	-	-	-	0.10	0.05
T x S	-	-	-	-	-	-	-	-	-	0.03
S x P	-	-	-	-	-	-	-	-	-	0.06
T x P x S	-	-	-	-	-	-	-	-	-	0.08
C. D. at 5%										
T	NS	0.25	0.27	0.24	0.17	0.25	0.27	0.24	0.12	0.10
P	-	-	-	-	NS	-	-	-	0.10	0.06
S	-	-	-	-	-	-	-	-	-	0.05
T x P	-	-	-	-	0.21	-	-	-	NS	0.14
T x S	-	-	-	-	-	-	-	-	-	NS
S x P	-	-	-	-	-	-	-	-	-	0.17
T x P x S	-	-	-	-	-	-	-	-	-	0.24
C. V. (%)	8.80	12.77	13.88	12.22	11.30	12.54	14.47	13.74	11.95	13.15

*Os números são valores $\sqrt{x + 0.5}$ valores transformados, enquanto os valores entre parênteses são valores retransformados

As médias dos tratamentos com letra(s) em comum não são significativas por lsd a um nível de significância de 5

NS = Não significativo

BS = Antes da pulverização

PP = Agrupado por períodos
PPS = Agrupamento de períodos e pulverizações

4.3.1.2   Segunda pulverização :

Os dados sobre a população de afídeos registados aos 3, 5 e 7 dias após a segunda pulverização são apresentados no Quadro 9. As observações feitas aos 3 DAS indicaram que todas as parcelas tratadas, exceto o tratamento de *L. lecanii*, exibiram um número significativamente menor de pulgões do que o controlo não tratado. As parcelas tratadas com biopesticidas registaram uma população de pulgões que variou entre 0,90 e 1,94 pulgões/espiga, contra 2,72 pulgões/espiga nas parcelas não tratadas. A incidência de afídeos registada aos 5 DAS também mostrou mais ou menos a mesma tendência na eficácia de vários biopesticidas como revelado aos 3 DAS.

As observações registadas aos 7 DAS mostraram que a população mínima de pulgões foi registada em Gronim (0,25 pulgões/espiga) seguido de óleo de neem (0,39 pulgões/espiga) e NSE (0,51 pulgões/espiga). Por outro lado, o número máximo de pulgões (1,87 pulgões/espiga) foi registado em parcelas não tratadas, seguido por *B. bassiana* (1,25 pulgões/espiga) e *M. anisopliae* (1,18 pulgões/espiga). Niconeem e *L. lecanii* foram moderadamente eficazes contra pulgões.

Os dados agrupados calculados para a segunda pulverização indicaram que o Gronim, o óleo de neem e o NSE se mostraram superiores na supressão da incidência de pulgões, uma vez que estes tratamentos registaram uma população de pulgões significativamente baixa (0,65 a 0,76 pulgões/espiga) em relação aos restantes tratamentos, exceto o Niconeem e a *B. bassiana*. Entre os tratamentos insecticidas, *L. lecanii* e *M. anisopliae* foram inferiores no controlo da incidência de pulgões, mas revelaram-se significativamente melhores do que o controlo sem tratamento.

Os dados agrupados por períodos e pulverizações (Tabela 9) calculados para o ano de 2013 mostraram que a população de pulgões diminuiu significativamente em todas as parcelas tratadas em relação ao controlo não tratado. Um número significativamente menor de pulgões (0,69 pulgões/espiga) foi registado nas parcelas pulverizadas com Gronim em comparação com o resto dos tratamentos. As parcelas tratadas com NSKE, Niconeem, óleo de neem e *B. bassiana* registaram mais ou menos o mesmo nível (0,94 a 1,04 pulgões/espiga) de incidência de pulgões. Dos sete biopesticidas avaliados, ambos os biopesticidas à base de fungos, *ou seja, L. lecanii* e *M. anisopliae*, mostraram-se inferiores contra pulgões que infestam o isabgol.

4.3.2 *Rabi* 2014

4.3.2.1   Primeira pulverização :

Para avaliar a bioeficácia dos biopesticidas contra o pulgão que infesta a cultura do isabgol, as observações sobre a incidência da praga foram registadas antes da imposição da primeira pulverização, tendo-se verificado uma diferença não significativa entre os diferentes tratamentos (Quadro 10). Isto indica que a praga estava uniformemente distribuída em todas as parcelas experimentais. As contagens de pulgões feitas aos 3 DAS revelaram que a incidência mínima (0,67 pulgão/espiga) da praga foi encontrada nas parcelas tratadas com Gronim, seguida por óleo de nim (0,70 pulgão/espiga) e NSE (0,97 pulgão/espiga). Estes três tratamentos diferiram significativamente do resto dos tratamentos. As parcelas que receberam pulverização de biopesticidas à base de fungos e Niconeem exibiram uma população de pulgões que variou de 2,39 a 3,03 pulgões/espiga e foram encontradas em pé de igualdade.

Quadro 10: Efeito de diferentes biopesticidas no afídeo _A. gossypii_ que infestou o isabgol em 2014

Treat.	Mean number of aphids/ spike (at DAS)									
	BS	First spray				Second spray				PPS
		3	5	7	PP	3	5	7	PP	
T₁	2.38* (5.17)	1.09 (0.70)	1.39 (1.42)	1.35 (1.31)	1.28 (1.13)	1.41 (1.50)	1.42 (1.51)	1.50 (1.74)	1.44 (1.58)	1.36ab (1.35)
T₂	2.63 (6.42)	1.08 (0.67)	1.37 (1.39)	1.22 (0.98)	1.22 (1.00)	1.26 (1.10)	1.30 (1.20)	1.14 (0.80)	1.24 (1.03)	1.23a (1.01)
T₃	2.54 (5.96)	1.21 (0.97)	1.31 (1.23)	1.57 (1.96)	1.37 (1.36)	1.38 (1.40)	1.77 (2.64)	1.39 (1.43)	1.51 (1.79)	1.44b (1.57)
T₄	2.28 (4.71)	1.72 (2.45)	1.35 (1.33)	1.64 (2.18)	1.57 (1.96)	1.48 (1.70)	1.89 (3.09)	1.71 (2.42)	1.70 (2.38)	1.63c (2.16)
T₅	2.68 (6.69)	1.70 (2.39)	1.39 (1.44)	1.50 (1.74)	1.53 (1.84)	1.81 (2.78)	1.89 (3.06)	1.36 (1.34)	1.69 (2.34)	1.61c (2.09)
T₆	2.41 (5.30)	1.88 (3.03)	1.38 (1.39)	1.79 (2.71)	1.68 (2.33)	1.73 (2.48)	1.89 (3.06)	1.21 (0.96)	1.61 (2.08)	1.64c (2.19)
T₇	2.71 (6.85)	1.85 (2.92)	1.33 (1.26)	1.81 (2.77)	1.66 (2.26)	1.92 (3.20)	2.14 (4.09)	1.33 (1.27)	1.80 (2.74)	1.73c (2.49)
T₈	3.07 (8.89)	2.72 (6.90)	2.08 (3.82)	3.05 (8.78)	2.62 (6.34)	2.78 (7.21)	2.96 (8.26)	1.77 (2.63)	2.50 (5.76)	2.56d (6.05)
S. Em. ±										
T	0.16	0.11	0.08	0.10	0.07	0.07	0.08	0.08	0.04	0.04
Period (P)	-	-	-	-	0.03	-	-	-	0.03	0.02
Spray (S)	-	-	-	-	-	-	-	-	-	0.02
T x P	-	-	-	-	0.10	-	-	-	0.08	0.05
T x S	-	-	-	-	-	-	-	-	-	0.03
S x P	-	-	-	-	-	-	-	-	-	0.07
T x P x S	-	-	-	-	-	-	-	-	-	0.09
C. D. at 5%										
T	NS	0.31	0.23	0.30	0.19	0.21	0.24	0.24	0.12	0.12
P	-	-	-	-	0.10	-	-	-	0.09	0.07
S	-	-	-	-	-	-	-	-	-	0.05
T x P	-	-	-	-	0.27	-	-	-	0.24	0.15
T x S	-	-	-	-	-	-	-	-	-	0.09
S x P	-	-	-	-	-	-	-	-	-	0.19
T x P x S	-	-	-	-	-	-	-	-	-	0.26
C. V. (%)	12.65	12.81	10.86	11.77	11.72	8.15	8.46	11.56	9.99	11.47

*Os números são valores $\sqrt{x + 0.5}$ valores transformados, enquanto os valores entre parênteses são valores retransformados

As médias dos tratamentos com letra(s) em comum não são significativas por lsd a um nível de significância de 5

NS = Não significativo

PP = Polido durante períodos

BS = Antes da pulverização

PPS = Agrupamento de períodos e pulverizações

As observações registadas aos 5 DAS indicaram que todos os

Os tratamentos insecticidas registaram um número significativamente menor de pulgões do que o controlo sem tratamento e revelaram-se mais ou menos igualmente eficazes contra a praga. Aos 7 DAS, o menor número (0,98 pulgões/espiga) de pulgões foi registado em parcelas tratadas com Gronim, seguido de óleo de neem (1,31 pulgões/espiga) e *B. bassiana* (1,74 pulgões/espiga). No que diz respeito à incidência de pulgões, os dois últimos tratamentos foram iguais ao NSE e ao Niconeem.

Os dados agrupados (Tabela 10) computados para a primeira pulverização revelaram que a população de pulgões foi significativamente reduzida em todas as parcelas tratadas em relação ao controle não tratado. A população de pulgões foi mínima (1,0 pulgão/espiga) nas parcelas pulverizadas com Gronim, seguida por óleo de nim (1,13 pulgões/espiga), NSE (1,22 pulgões/espiga) e *B. bassiana* (1,84 pulgões/espiga). Entre os biopesticidas avaliados, *L. lecanii* foi o menos eficaz contra pulgões que infestam o isabgol, seguido por *M. anisopliae.*

4.3.2.2. Segunda pulverização:

A população de pulgões diminuiu significativamente após a aplicação da pulverização inseticida, como revelam as observações registadas aos 3 DAS. A população mínima (1,10 pulgões/espiga) foi registada nas parcelas tratadas com Gronim, seguida de NSE (1,40 pulgões/espiga) e óleo de neem (1,50 pulgões/espiga). Estes três tratamentos mostraram uma incidência significativamente baixa de pulgões em comparação com os restantes tratamentos, exceto o Niconeem. As parcelas pulverizadas com biopesticidas de base fúngica registaram mais ou menos o mesmo nível (2,48 a 3,20 pulgões/espiga) de incidência de pulgões e foram estatisticamente iguais entre si.

As observações registadas aos 5 DAS indicaram que foi registado um número significativamente menor de afídeos nas parcelas que receberam pulverizações de Gronim e óleo de neem em relação aos outros tratamentos. As parcelas tratadas com NSE, Niconeem, *B. bassiana* e *L. lecanii* mostraram-se mais ou menos igualmente eficazes contra o pulgão e exibiram sua população variando de 2,64 a 3,09 pulgões/espiga.

Aos 7 DAS, a população de pulgões foi significativamente suprimida em todas as parcelas tratadas em relação ao controle não tratado, exceto Niconeem. Os dados agrupados (Tabela 10) computados para a segunda pulverização revelaram que o tratamento com Gronim provou sua superioridade no controle do pulgão, pois exibiu uma população mínima (1,03 pulgões/espiga) da praga, seguido pelo óleo de nim (1,58 pulgões/espiga) e NSE (1,79 pulgões/espiga). Entre os biopesticidas, *M. anisopliae* e Niconeem foram inferiores na supressão da incidência de pulgões.

Os dados agrupados sobre períodos e pulverizações calculados para o ano de 2014 (Quadro 10) indicaram que, entre os vários tratamentos insecticidas, foi encontrado um número significativamente menor de pulgões (1,01 pulgões/espiga) nas parcelas tratadas com Gronim. O óleo de Neem e o NSE também foram considerados melhores tratamentos para o controlo de afídeos. Estes tratamentos diferiram significativamente dos tratamentos com Niconeem e biopesticidas à base de fungos.

4.3.3   Total agrupado:

Os dados gerais agrupados (Tabela 11) computados para ambos os anos (2013 e 2014) indicaram que um número significativamente menor (0,85 pulgão / espiga) de pulgões foi registrado em parcelas tratadas com Gronim, sugerindo sua superioridade sobre outros tratamentos (Fig. 6). O Neemoil e o NSE também foram melhores tratamentos do que o Gronim na redução da incidência de pulgões. Entre os biopesticidas, as parcelas pulverizadas com *M. anisopliae* e *L. lecanii* apresentaram uma população de pulgões significativamente mais elevada (1,72 e 1,81 pulgões/espiga) e revelaram-se inferiores no controlo da praga. Niconeem e *B. bassiana* tiveram desempenho mais ou menos igual e se mostraram moderadamente eficazes contra pulgões que infestam o isabgol.

O excelente desempenho do óleo de nim contra pulgões que infestam a cultura de isabgol revelado na presente investigação está em conformidade com as descobertas de Patil e Patel (2013) que relataram que dos botânicos avaliados, o óleo de nim (0,5%) foi superior contra o pulgão isabgol e registou o rendimento máximo. A eficácia do óleo de nim no controlo do pulgão, *A. gossypii* infestando o algodão (Venkateshan *et al.* 1987) e quiabo (Rao *et al.* 1991, Anitha e Nandihalli 2008 e Boopathi *et al.* 2010) foi relatada por trabalhadores anteriores no passado. Todos estes relatórios estão de acordo com os presentes resultados. A superioridade do Gronim contra o pulgão encontrada no presente estudo corrobora os resultados de Patel (2002) e Ghelani *et al.* (2006). Patel (2002) relatou que, de sete formulações à base de azadiractina, o Gronim (0,075%) mostrou-se relativamente superior na supressão da população de pulgões em isabgol. Da mesma forma, Ghelani *et al.* (2006) registaram a menor população de afídeos em parcelas de algodão tratadas com Gronim.

Quadro 11: Efeito de diferentes biopesticidas no afídeo *A. gossypii* que infesta o isabgol (em conjunto)

Treatments	Mean number of aphids/ spike		
	2013	2014	Pooled
T_1	1.24*bcd (1.04)	1.36b (1.35)	1.30b (1.19)
T_2	1.09a (0.69)	1.23a (1.01)	1.16a (0.85)
T_3	1.20b (0.94)	1.44b (1.57)	1.32b (1.24)
T_4	1.23bc (1.01)	1.63c (2.16)	1.43c (1.54)
T_5	1.24bcd (1.04)	1.61c (2.09)	1.42c (1.52)
T_6	1.34d (1.30)	1.64c (2.19)	1.49d (1.72)
T_7	1.31cd (1.22)	1.73c (2.49)	1.52d (1.81)
T_8	1.65e (2.22)	2.56d (6.05)	2.10e (3.91)

	S. Em. ±	C. D. at 5 %	S. Em. ±	C. D. at 5 %	S. Em. ±	C. D. at 5 %
T	0.04	0.10	0.04	0.12	0.01	0.04
S	0.02	0.05	0.02	0.07	0.02	NS
P	0.02	0.06	0.02	0.05	0.02	0.04
Y	-	-	-	-	0.01	0.04
T x S	0.06	NS	0.07	0.19	0.06	*
T x P	0.03	0.08	0.03	0.09	0.08	*
T x Y	-	-	-	-	0.04	0.11
S x P	0.05	0.14	0.05	0.15	0.12	NS
S x Y	-	-	-	-	0.02	0.06
P x Y	-	-	-	-	0.02	*
T x S x P	0.08	0.24	0.09	0.26	0.16	*
T x S x Y	-	-	-	-	0.05	0.14
T x P x Y	-	-	-	-	0.06	0.18
S x P x Y	-	-	-	-	0.03	0.09
T x S x P x Y	-	-	-	-	0.09	0.25
C. V. (%)	13.15		11.47		12.22	

*Os números são valores $\sqrt{x + 0.5}$ valores transformados, enquanto os valores entre parênteses são valores re-transformados

As médias dos tratamentos com letra(s) em comum não são significativas por lsd a um nível de significância de 5

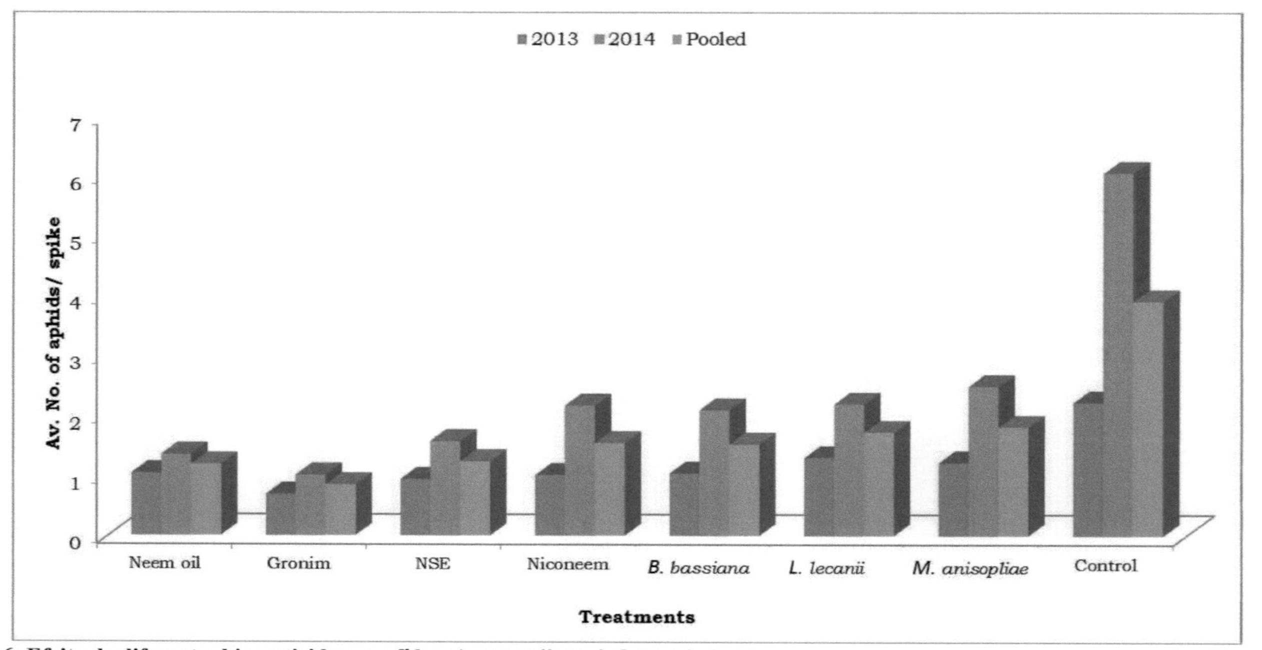

Fig. 6: Efeito de diferentes biopesticidas no afídeo *A. gossypii* que infesta o isabgol

Entre os botânicos avaliados contra *A. gossypii* infestando isabgol, o extrato de semente de nim (NSE) teve melhor desempenho no controle da praga e ficou ao lado do óleo de nim e do Gronim. Esta constatação está em conformidade com o relatório de Upadhyay e Mishra (1999), que concluíram que a pulverização de 2% de NSKE manteve uma baixa incidência de pulgão, *A. gossypii*, na cultura de isabgol. A eficácia do NSKE na supressão da incidência de *A. gossypii* no algodão (Vinodhini e Malaikozhun, 2011), na couve-brincadeira (Varma *et al.* 2010), no quiabo (Kulat *et al.* 1997, Mudathir e Besadow, 2004) e na melancia (Gopal e Sengupta, 1997) foi comunicada por alguns trabalhadores no passado. Todos estes relatórios apoiam os presentes resultados, em que a NSKE se revelou um dos tratamentos eficazes contra *A. gossypii* em isabgol.

Jaichakravarthy (2002) mostrou uma mortalidade apreciável de *A. gossypii* em brinjal devido ao tratamento de *V. lecanii* a 4 x 105 cfu/ml. De acordo com Ghelani *et al.* (2006), a aplicação de *V. lecanii* a 5 g/litro de água resultou numa redução de 50% de *A. gossypii* no algodão. Anitha e Nandihalli (2008) relataram que *V. lecanii* (0,1%) provou ser significativamente superior no controlo da população de pulgões no quiabo em relação ao controlo não tratado. Dos cinco fungos entomopatogénicos avaliados por Saranya *et al.* (2010), *V. lecanii* e *B. bassiana* revelaram-se promissores contra *A. gossypii*, apresentando 100% de mortalidade. Karkar (2012) registou uma população significativamente mais baixa de *A. gossypii* na cultura de brinjal devido à aplicação por pulverização de *V. lecanii* a 40 g/ 10 litros de água. Todos estes relatórios anteriores estão de acordo e apoiam os presentes resultados, nos quais *B. bassiana* e *V. lecanii* se revelaram moderadamente eficazes contra pulgões que infestam a cultura de isabgol.

4.3.4 Rendimento das sementes :

Os dados (Quadro 12) sobre o rendimento de sementes registado em diferentes parcelas tratadas com biopesticidas mostraram um impacto significativo dos tratamentos. Foram registados rendimentos de sementes significativamente mais elevados em todas as parcelas tratadas em relação ao controlo não tratado durante ambos os anos de estudo. Durante 2013, o maior rendimento de sementes (12,70 q/ha) foi encontrado em parcelas pulverizadas com Gronim seguido por óleo de neem (12,41 q/ha). Ambos os tratamentos produziram um rendimento de sementes significativamente maior do que o resto dos tratamentos. Entre as parcelas tratadas, o rendimento mínimo de sementes (4,81 q/ha) foi obtido com *L. lecanii* seguido por *B. bassiana* (6,12 q/ha). Ambos os tratamentos diferiram significativamente um do outro. No que diz respeito à produção de sementes, o NSE foi encontrado a par do Niconeem, por um lado, e do *M. anisopliae*, por outro. A superioridade do Gronim e do óleo de nim na produção de maior rendimento de sementes em relação a outros tratamentos também foi revelada durante 2014 (Fig. 7). Ambos os biopesticidas à base de azadiractina produziram um rendimento de sementes significativamente mais elevado do que os restantes biopesticidas, exceto o Niconeem. *L. lecanii* não conseguiu produzir mais sementes, no entanto, exibiu um rendimento de sementes significativamente mais elevado do que o controlo não tratado (controlo).

Os dados agrupados (Tabela 12) computados para ambos os anos indicaram que o rendimento máximo de sementes (12,71 q/ha) foi registado em parcelas tratadas com Gronim, seguido por óleo de neem (12,06 q/ha) e NSE (9,78 q/ha). Entre os biopesticidas avaliados, as parcelas tratadas com *L. lecanii* produziram um rendimento mínimo de sementes (5,83 q/ha) que foi comparável com as parcelas não pulverizadas (3,59 q/ha).

Quadro 12: Efeito de vários biopesticidas no rendimento das sementes e nas perdas evitáveis devidas a _A. gossypii_ em isabgol

Treatments	Seed yield (q/ha)			Avoidable losses (%)
	2013	**2014**	**Pooled**	
T_1	12.41a	11.71ab	12.06ab	5.11
T_2	12.70a	12.72a	12.71a	0.00
T_3	9.07bc	10.49b	9.78bc	23.05
T_4	8.00c	11.43b	9.72bc	23.52
T_5	6.12d	8.09c	7.51cd	40.91
T_6	4.81e	6.84d	5.83de	54.13
T_7	9.37b	8.51c	8.94c	29.66
T_8	3.53f	3.65e	3.59e	71.75
S. Em. ±				
Treatment(T)	0.37	0.39	0.81	-
Year (Y)	-	-	0.14	-
Y x T	-	-	0.38	-
C.D. at 5%				
T	1.10	1.14	2.71	-
(Y)	-	-	NS	-
Y x T	-	-	1.09	-
C. V. (%)	9.06	8.38	8.71	-

As médias dos tratamentos com letra(s) em comum não são significativas por lsd a um nível de significância de 5
NS = Não significativo

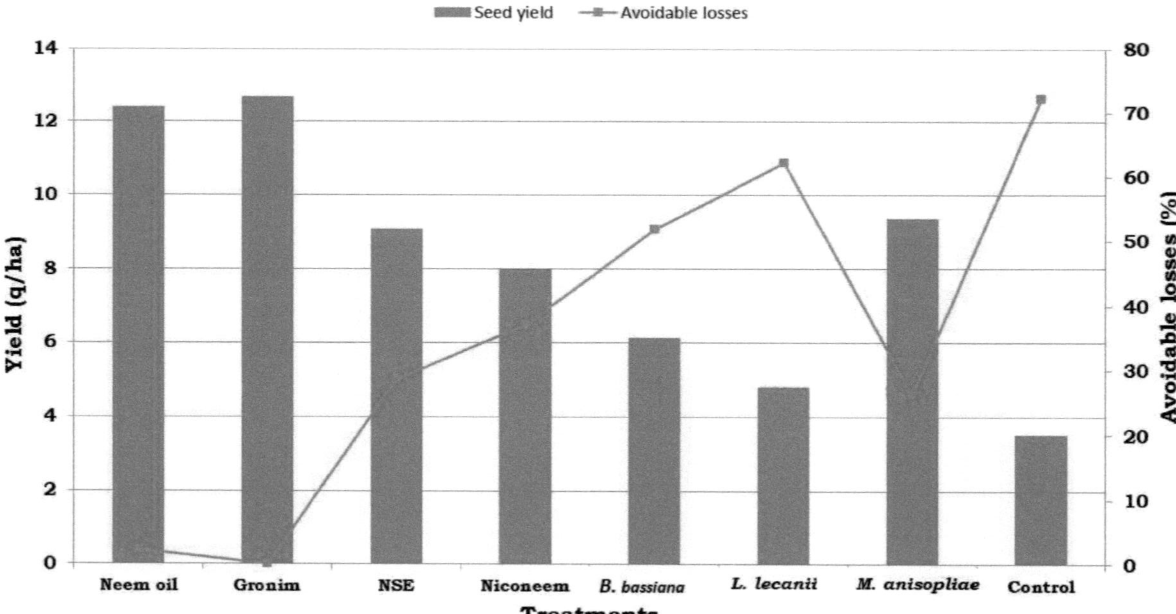

Fig. 7: Efeito de diferentes biopesticidas no rendimento das sementes e nas perdas evitáveis em isabgol

O extrato de sementes de Neem também provou ser o melhor tratamento e produziu um rendimento de sementes de 9,78 q/ha, que foi estatisticamente igual ao Niconeem (9,72 q/ha). Ambos os biopesticidas à base de fungos, ou seja, *B. bassiana* e *M. anisopliae*, mostraram-se moderadamente eficazes contra o pulgão *A. gossypii* e produziram sementes de 7,51 a 8,94 q/ha.

As perdas evitáveis devido ao ataque do pulgão, *A. gossypii*, na cultura do isabgol, calculadas para diferentes tratamentos, indicaram que o máximo (71,25%) de perdas devido à praga foi encontrado em parcelas não tratadas, enquanto o mínimo (5,11%) foi encontrado no óleo de nim. As perdas evitáveis em *B. bassiana, L. lecanii* e *M. anisopliae* foram de 40,91, 54,13 e 29,66 por cento, respetivamente. Foi mais ou menos semelhante (23,05 a 23,52%) no caso de NSE e Niconeem.

4.3.5 Economia:

Os detalhes da Razão de Custo Benefício Incremental (ICBR) calculada para diferentes tratamentos de biopesticidas são apresentados na Tabela 13. Os dados indicam que a realização líquida máxima (Rs. 65.152/ha) foi encontrada no tratamento de Gronim (0,4%) seguido por óleo de nim 0,3% (Rs. 62.227/ha), extrato de semente de nim 5% (Rs. 45.327/ha) e Niconeem 0,4% (Rs. 43.247/ha). O ICBR máximo (1: 47.94) foi registrado no óleo de nim (0.3%) seguido pelo extrato de semente de nim (1: 41.28). Isto está de acordo com o relatório de Upadhyay e Mishra (1999), Adilakshmi (2006) e Anitha e Nandihalli (2008). Upadhyay e Mishra (1999) relataram que 2% de extrato bruto de semente de nim resultou na maior relação benefício/custo quando avaliado contra *A. gossypii* em isabgol. Do mesmo modo, Adilakshmi (2006) registou o ICBR mais elevado no caso de NSKE seguido de óleo de nim no caso de pragas do quiabeiro. A relação custo/benefício mais elevada (1:8,56) no controlo de afídeos no quiabeiro foi relatada por Anitha e Nandihalli (2008).

Quadro 13: Economia de vários biopesticidas avaliados contra *A. gossypii* que infesta o isabgol

Treatments	Yield (q/ha)	Gross income (Rs/ha)	Quantity of insecticide required for two sprays (L or Kg/ha)	Total cost of plant protection including labour charges (Rs/ha)	Gross Realization (Rs/ha)	Net realization (Rs/ha)	ICBR
Neem oil	12.06	90,450	3.0	1298	89152	62227	1: 47.94
Gronim 0.15 EC	12.71	95,325	4.0	3248	92077	65152	1: 20.06
Neem Seed Extract (NSE)	9.78	73,350	50.0	1098	72252	45327	1: 41.28
Niconeem 0.15 EC	9.72	72,900	4.0	2728	70172	43247	1: 15.85
Beauveria bassiana 2 x 10^8Cfu/g	7.51	56,325	4.0	1728	54597	27672	1: 16.01
Lecanicillium lecanii 2x10^8 Cfu/g	5.83	43,725	4.0	1768	41957	15032	1: 08.50
Metarhizium anisoplia e 2x10^8 Cfu/g	8.94	67,050	4.0	1768	65282	38357	1: 21.70
Control	3.59	26,925	-	-	26925	-	-

Nota: A mão de obra custa 212 rúpias por dia
Preço das sementes de isabgol: Rs 7.500/q **Preços dos biopesticidas:** Óleo de Neem = 150 Rs/L
Gronim = 600Rs/L Semente de Neem = 5Rs/Kg Niconeem = 470 Rs/L
B.bassiana= 220 Rs/Kg
L.lecanii = 230 Rs/Kg
M.anisopliae= 220 Rs/Kg

O tratamento com Gronim e *M. anisopliae* apresentou ICBR mais ou menos próximo (1: 20,06 e 1: 21,70). Entre os biopesticidas avaliados, o ICBR mínimo (1: 8,50) foi encontrado no tratamento de *L. lecanii*. Embora os tratamentos com Gronim e Niconeem tenham sido eficazes contra o pulgão *A. gossypii* que infesta o isabgol e tenham produzido rendimentos apreciáveis de sementes, não apresentaram ICBR mais elevado devido ao seu custo mais elevado. A literatura sobre a economia dos biopesticidas avaliados contra o afídeo *A. gossypii* em isabgol é inexistente para comparar a presente descoberta.

4.4 Suscetibilidade relativa das variedades/genótipos de isabgol à incidência de afídeos

A fim de avaliar a suscetibilidade relativa de três variedades e três genótipos de isabgol à incidência de afídeos, as observações foram registadas semanalmente. Os dados assim obtidos são apresentados no quadro 14.

Os dados (Quadro 14) indicam que a população de afídeos diferiu significativamente em todas as variedades/genótipos testados. A incidência máxima da praga foi registada em Gujarat isabgol-3, seguida de Gujarat isabgol-1 e Gujarat isabgol-2. O número mínimo de afídeos foi registado no genótipo Kutch local, seguido de Anand early-10 e Niharika. Os dados agrupados calculados para ambos os anos indicaram que, entre as variedades/genótipos de isabgol avaliados, a variedade Gujarat isabgol-3 foi a mais suscetível ao afídeo e registou um maior número de afídeos (7,45 afídeos/espiga), seguida da Gujarat isabgol-1 (6,95 afídeos/espiga) e da Gujarat isabgol-2 (4,93 afídeos/espiga).

Quadro 14: Incidência de afídeo, *A. gossypii*, em diferentes variedades/genótipos de isabgol (agrupamento de períodos e anos)

Varieties/ genotypes	Mean no. of aphids/spike		
	2013	2014	Pooled
Gujarat Isabgol-1	2.68e*	2.78e	2.73d
	(6.68)	(7.23)	(6.95)
Gujarat Isabgol-2	2.37d	2.29d	2.33c
	(5.12)	(4.74)	(4.93)
Gujarat Isabgol-3	2.71e	2.94f	2.82d
	(6.84)	(8.14)	(7.45)
Niharika	1.44c	1.50c	1.47b
	(1.57)	(1.75)	(1.66)
Anand early-10	1.17b	1.27b	1.22a
	(0.87)	(1.11)	(0.99)
Kutch local	1.08a	1.08a	1.08a
	(0.67)	(0.67)	(0.67)
S. Em. $\pm$			
Treatment (T)	0.02	0.02	0.05
Period (P)	0.03	0.03	0.16
Year (Y)	-	-	0.01
T x P	0.07	0.08	0.29
T x Y	-	-	0.02
Y x P	-	-	0.03
T x Y x P	-	-	0.08
C. D. at 5%			
T	0.06	0.07	0.19
P	0.08	0.09	0.52
(Y)	-	-	0.03
T x P	0.20	0.22	0.82
T x Y	-	-	0.06
Y x P	-	-	0.09
T x Y x P	-	-	0.21
C. V. (%)	7.35	8.16	7.78

*Os números são valores $\sqrt{x + 0.5}$ valores transformados, enquanto os valores entre parênteses são valores retransformados

As médias dos tratamentos com letra(s) em comum não são significativas por lsd a um nível de significância de 5

No que diz respeito à contagem de afídeos, ambas as cultivares de isabgol se encontraram a par e registaram uma população significativamente mais elevada da praga do que as restantes cultivares/genótipos. Kutch local e Anand early-10 apresentaram o menor número de pulgões (0,67 a 0,99 pulgão/espiga). Estes dois genótipos apresentaram uma incidência significativamente baixa de afídeos em relação a outras variedades/genótipos. As variedades/genótipos avaliados no âmbito do estudo foram, por ordem de suscetibilidade à incidência de afídeos, as seguintes Gujarat isabgol-3 > Gujarat isabgol-1 > Gujarat isabgol-2 > Niharika > Anand early-10 > Kutch local.

Uma vez que as variedades/genótipos de isabgol avaliadas quanto à sua suscetibilidade relativa à incidência de afídeos variam de uma região para outra, não foi possível comparar e discutir os resultados actuais relativos à suscetibilidade das variedades/genótipos ao afídeo. Nenhum dos investigadores anteriores estudou o rastreio das variedades/genótipos de isabgol contra o afídeo, exceto o relatório solitário de Manikandan e Singh (2005), que revelou que nenhum dos acessos de isabgol foi classificado como imune. No entanto, dois (MIB-2 e MIB-153) foram classificados como resistentes, cinco (MIB-5, MIB-122, MIB-121, MIB-129 e MIB-123) como moderadamente resistentes, dois (IR-158 e MIB-125) como susceptíveis, enquanto um (GJ-2) como altamente suscetível ao ataque de *A. gossypii*.

5. RESUMO E CONCLUSÃO

Foram efectuadas investigações sobre a abundância sazonal e a gestão ecológica do pulgão, *Aphis gossypii* Glover, que infesta o isabgol, *Plantago ovata* Forskel, na quinta de Plantas Medicinais e Aromáticas, Universidade Agrícola de Anand, Anand (Gujarat), durante a época *rabi* de 2013 e 2014. As conclusões importantes que emergiram das investigações estão resumidas neste capítulo.

5.1 Abundância sazonal de *A. gossypii* em isabgol

Estudos sobre a abundância sazonal do afídeo *A. gossypii* na cultura do isabgol revelaram que a praga apareceu pela primeira vez em meados de janeiro e permaneceu ativa até março. A população de pulgões aumentou gradualmente a partir de janeiro e atingiu um nível máximo durante a terceira semana de fevereiro em 2013 (22,71 pulgões/espiga) e 2014 (33,41 pulgões/espiga). Depois, a tendência foi decrescente e desapareceu a partir da segunda quinzena de março.

Houve uma correlação positiva entre a temperatura máxima e a população de pulgões no isabgol, enquanto a temperatura mínima influenciou negativamente a praga. A humidade relativa da manhã e da tarde teve uma associação positiva e negativa com o número de pulgões, respetivamente. As horas de sol tiveram associação positiva, enquanto a velocidade do vento mostrou associação negativa com a incidência do pulgão, *A. gossypii*, na cultura do isabgol. A pressão de vapor (manhã e tarde) influenciou positivamente a população de pulgões.

5.2 Impacto dos métodos de sementeira e dos adubos azotados na incidência do afídeo *A. gossypii* em isabgol

Dos dois métodos de sementeira avaliados quanto à incidência de pulgão, *A. gossypii*, na cultura do isabgol, verificou-se que foi registado um número relativamente maior de pulgões na cultura semeada por difusão do que na sementeira em linha (espaçamento de 30 cm). A aplicação de fertilizantes azotados teve um efeito significativo na incidência de pulgões. A população de pulgões aumentou com o aumento dos níveis de fertilizantes azotados. O menor número de pulgões (6,68 pulgões/espiga) foi registado nas parcelas que receberam a dose mais baixa (25 Kg N/ha) de azoto, seguida da dose subsequente mais elevada (30 Kg N/ha). A incidência máxima (12,39 pulgões/espiga) da praga foi encontrada em parcelas com a maior dose (40 Kg N/ha) de fertilizantes nitrogenados, seguida pela menor dose subsequente (35 Kg N/ha). A cultura de Isabgol fertilizada com 25 a 30 Kg N/ha registou uma população significativamente menor de pulgão, *A. gossypii*, em comparação com a dose mais elevada (40 Kg N/ha) de fertilizante azotado.

A altura da planta teve uma relação positiva com a incidência de pulgão, *A. gossypii*, infestando o isabgol, enquanto a largura da planta mostrou uma associação negativa. Foi estabelecida uma correlação significativamente negativa (r = -0,822*) entre a população de afídeos na cultura do isabgol e a largura da planta registada 30 dias após a sementeira.

Foram registados rendimentos de sementes significativamente mais elevados nas parcelas semeadas por sementeira em linha do que por sementeira a lanço. A cultura cultivada por sementeira em linha produziu uma produção de sementes significativamente mais elevada (7,90 q/ha) quando comparada com a sementeira a lanço (5,03 q/ha). A produção de sementes significativamente máxima (7,63 q/ha) foi obtida nas parcelas que receberam a menor dose de nitrogénio (25 Kg N/ha). Por outro lado, o rendimento mínimo (5,15 q/ha) foi registado com a dose mais elevada (40 Kg N/ha) de azoto devido à elevada incidência da praga. O rendimento das sementes diminuiu com o aumento do nível de fertilizante azotado.

5.3 Avaliação de biopesticidas contra *A. gossypii* que infesta o isabgol

Entre os sete biopesticidas avaliados contra *A. gossypii* infestando isabgol, a aplicação por pulverização de Gronim 0,15 EC (0,4%) foi a mais eficaz, seguida por óleo de nim (0,3%) e extrato de semente de nim (5%). Os fungos entomopatogénicos *Metarhizium anisopliae* (0,4%) e *Lecanicillium lecanii* (0,4%) revelaram-se menos eficazes e não conseguiram controlar a praga, enquanto *Beauveria bassiana* (0,4%) e Niconeem (0,4%) se revelaram moderadamente eficazes contra *A. gossypii* na cultura de isabgol.

O rendimento máximo de semente (12,71 q/ha) foi registado em parcelas tratadas com Gronim seguido por óleo de neem (12,06 q/ha) e extrato de semente de neem (9,78 q/ha). As parcelas pulverizadas com *L. lecanii* produziram um rendimento mínimo de sementes (5,83 q/ha) que foi comparável com o controlo não tratado. *B. bassiana* e *M. anisopliae* produziram 7,51 e 8,94 q/ha de sementes, respetivamente. O ICBR máximo (1: 47,94) foi encontrado no óleo de nim, seguido pelo extrato de semente de nim (1: 41,28), no entanto, a realização líquida máxima foi encontrada no tratamento com Gronim. Entre os biopesticidas avaliados, o ICBR mínimo (1: 8,50) foi registado no tratamento de *L. lecanii*.

5.4 Suscetibilidade relativa das variedades/genótipos de isabgol à incidência de afídeos

Três variedades e três genótipos de isabgol foram avaliados quanto à sua suscetibilidade relativa à incidência do afídeo *A. gossypii*. Os resultados mostraram que a variedade Gujarat isabgol-3 foi a mais suscetível à praga e registou um maior número de pulgões (7,45 pulgões/espiga), seguida da Gujarat isabgol- 2 (4,93 pulgões/espiga). Kutch local e Anand early-10 exibiram o menor número de pulgões (0,67 a o,99 pulgões/espiga) e provaram ser os genótipos mais promissores contra a incidência de pulgões. Estes genótipos podem ser utilizados como fonte de resistência no programa de melhoramento para o desenvolvimento de cultivares resistentes a insectos. A ordem de suscetibilidade à incidência de afídeos foi a seguinte Gujarat isabgol-3 > Gujarat isabgol-1 > Gujarat isabgol-2 > Niharika > Anand early-10 > Kutch local.

REFERÊNCIAS

*Abd El-Malak, V. S. G. e Salem, A. A. (2002). Influência de espaços de plantação e híbridos na população de seis artrópodes que atacam a planta de batata-doce. *Ann. Agric. Sci.,* **40** (3): 1797-1806.

Adilakshmi, A. (2006). Efeito de vários adubos orgânicos e insecticidas botânicos em pragas que infestam o quiabo, *Abelmoschus esculentus* (L.) Moench. Tese de Mestrado (Agri.) apresentada à Universidade Agrícola de Anand, Anand. pp111

*Almaicoshi, A. A.; Aldryhim, Y. N. e Alsuhaibani, A. (1997). Efeitos de diferentes taxas de fertilização nitrogenada e irrigação na densidade populacional de *Aphis gossypii* Glover em duas plantas ornamentais. *Arab J. Pl. Protec.,* **15** (1):10-15.

*Anitha, K. R. (2007). Incidência sazonal e gestão de pragas sugadoras do quiabeiro. Tese de Mestrado (Agri.) apresentada à Universidade de Ciências Agrícolas, Dharwad.

Anitha, K. R. e Nandihalli, B. S. (2008). Utilização de botânicos e micopatogénios na gestão de pragas sugadoras do quiabeiro. *Karnataka J. Agric. Sci.,* **21** (2): 231-238.

Anónimo, (2002). Monografia: *Plantago ovata* (Psyllium). *Revista de Medicina Alternativa, 7* (2): 155-159.

Anónimo, (2008). Bolsa nacional de multi-commodities da Índia limitada: Relatório sobre sementes de isabgul (www.nmce.com).

*Ansari, S. H. e Ali, M. (1996). Avaliação química, farmacológica e clínica de *Plantago ovata* Forsk. *Hamdard Medicus,* **39**: 63-85.

Arif, S. A. (2012). Gestão de pragas sugadoras em brinjal *(Solanum melongena* Linneaus). Tese de Mestrado (Agri.) apresentada à Universidade Agrícola de Anand, Anand.

*Atakan, E. e Ozgur, A. F. (1995). Caraterísticas do desenvolvimento populacional do pulgão do algodão, *Aphis gossypii* (Homoptera: Aphididae) em campos de algodão. *Turkiye Entomoloji Dergisi,* **19** (3): 193-206.

Bahar, M. H.; Islam, M. A.; Mannan, M. A e Uddin, M.J. (2007). Eficácia de alguns extractos botânicos em afídeos de feijão que atacam feijões longos. *J. Ent. Res.,* **4** (2): 136-142.

*Banerjee, T. K.; Ghosh, M. R. e Raychaudhari, D. (1986). Population fluctuation of *Aphis gossypii* Glover over *Solanum melongena* in the district of hoogly, West Bengal. *Indian Agric.,* **30** (4): 287292.

*Barros, R.; Degrande, P. E.; Fernandes, M. G. e Nogueira, R. F. (2007). Efeitos da adubação nitrogenada na cultura do algodão sobre a biologia de *Aphis gossypii, Neotropical Ent.,* **36** (5):752-758.

***Bentz**, J. A.; Reeves, J.; Barbosa, P. e Francis, B. (1995). Efeito da adubação nitrogenada na seleção, aceitação e adequação de *Euphorbia pulcherrima* (Euphorbiaceae) como planta hospedeira de *Bemisia tabaci* (Homoptera: Aleyrodidae). *Entomol. Exp. Appl.* **78** (1): 105110.

Bhoi, S. R. (2008). Dinâmica populacional, suscetibilidade varietal e gestão de pragas sugadoras do quiabeiro. Tese de Mestrado (Agri.) apresentada à Universidade Agrícola de Anand, Anand.

*Blackman, R. e Eastop, V.F. (2000). Afídeos nas culturas do mundo: An identification and information guide. 2ª ed. Wiley, Londres, Reino Unido, 476 pp.

Boopathi, T.; Pathak, K. A.; Ngachan, S.V. e Das, N. (2010). Eficácia no terreno de diferentes produtos de neem e insecticidas contra *Aphis gossypii* Glover no quiabeiro. *Pestology,* **43** (6): 48-51.

*Chandarkumar, H. L.; Ashok Kumar, C. T.; Kumar, N. G.; Chakravarthy, A. K. e Puttaraju, T. B. (2008). Ocorrência sazonal das principais pragas de insetos e dos seus inimigos naturais em brinjal. *Curr. Biotica.,* **2** (1): 63-73.

Chattopadhyay, N; Samuli, R. P.; Wadekar, S. N.; Satpute, U. S e Sarode, S. V. (1996). Sensibilidade da infestação de afídeos aos parâmetros meteorológicos de Akola, Maharastra. *Indian J. Ent.,* **58** (4): 291-301.

*Chau, A.; Heinz, K. M. e Davies, F. T. (2002). Estudo preliminar sobre o efeito da fertilização com azoto no pulgão do algodão, *Aphis gossypii*. *Boletim OILB/SROP*, **25** (1):53-56.

*Chavan, B. P.; Kadam, J. R. e Saindane, Y. S. (2008). Bio-eficácia de formulações líquidas de *Verticillium lecanii* contra o afídeo *Aphis gossypii*. *Intl. J. Plant Protec.*, **1** (2): 69-72.

*Chevallier, A. (1996). *The Encyclopedia of Medicinal Plants (A Enciclopédia das Plantas Medicinais)*. Dorling Kindersley, Londres, Reino Unido.

*Das, M. (2011). Crescimento, eficiência fotossintética, rendimento e fator de inchamento em *Plantago ovata* em condições semi-áridas de Gujarat, Índia. *Int. J. Plant Physiol. Biochem.*, **3**: 2011-14.

*Dastur, J. F. (1962). *Medicinal plants of India and Pakistan*. D. B. Taraporenvala sons Pvt. Ltd., Bombaim: 354pp.

*Devi, M. N.; Singh, T. K. e Devi, C. (2002). Densidade de campo de *Aphis gossypii* em relação a factores predatórios e bióticos. *Uttar Pradesh J. Zool,* **22** (1): 67-71.

Dhamdhere, S. V.; Bahadur, J. e Mishra, U. S. (1985). Estudos sobre a ocorrência e sucessão de pragas do quiabeiro em Gwalior. *Indian J. Plant Protec.,* **12** (1): 9-12.

*Dowell, R. V. e Steinberg, B. (1990). Influência das caraterísticas da planta hospedeira e dos fertilizantes azotados no desenvolvimento e sobrevivência dos imaturos da mosca negra dos citrinos, *Aleurocanthus woglumi* Ashby. *J. Appl. Ento,* **109**: 113-119.

*Ekukole, G. (1992).Effect of some agronomic and chemical control practices on *Aphis gossypii* populations and stickiness in cotton, *Cotton et Fibres Tropicales,* **47** (2):139-143.

*Farnsworth, N. R. (1995). (Ed.) *Base de dados NAPRALERT*. Produção da Universidade de Illinois em Chicago, IL, 8 de agosto de 1995 (uma base de dados em linha disponível diretamente através da Universidade de Illinois em Chicago ou através da Rede Científica e Técnica (STN) dos Serviços de Resumos Químicos).

*Farooqi, A. A. e Sreeramu, B. S. (2001). *Cultivation of Medicinal and Aromatic Crops (Cultivo de Culturas Medicinais e Aromáticas)*. University press (India) Pvt. Ltd. Hyderabad. 168pp.

*Galindo, P. A., Gômez, E., Feo, F., Borja, J. e Rodriguez, R. G. (2000). Asma ocupacional causada pelo pó de Psyllium *(Plantago ovata)*. In: *O 6th Internet World Congress for Biomedical Sciences*.(http://www.uclm.es/inabis2000/posters/pdf/p085.pdf.)

*Ghaddge, S. M., Vyas, H. J., Joshi, M. D. e Kabade, K. H. (2007). Incidência sazonal do afídeo *Hyadaphis coriandri* (Das) nos coentros. *Intl. J. Biosci. Reporter, 7* (2): 383-385.

Ghelani, Y. H.; Jhala, R. C. e Vyas, H. N. (2006). Bioeficácia de botânicos e insecticidas microbianos contra o pulgão do algodão, *Aphis gossypii* (Glover). *Insect Environ., 3* (2): 149-152.

Ghetiya, L. V. (1992). Bionomia, dinâmica populacional e controlo químico do pulgão (*Aphis gossypii* Glover) nos coentros. Tese de Mestrado (Agri.) apresentada à Universidade Agrícola de Gujarat, Sardarkrushinagar.

Ghosh, S. K.; Laskar, N. e Senapati, S. K. (2004). Seasonal fluctuation of *Aphis gossypii* Glover on brinjal and field evaluation of some pesticides against *Aphis gossypii* under Trai region of West Bengal. *Indian J. Agric. Res.,* **38** (3): 171-177.

Gissella, M.; Vasquez, D.; Orr, B. e Baker, J.R. (2006). Avaliação da eficiência de *Aphidius colemani* (Hymenoptera: Braconidae) para a supressão de *Aphis gossypii* (Homoptera: Aphididae) em crisântemo cultivado em estufa. *J. Eco. Ent.,* **99** (4): 11041111.

*Godfrey, L. D.; Cisneros, J. J.; Keillor, K. E. e Hutmacher, R. B. (2000). Influência da fertilidade do algodão com azoto na dinâmica populacional do pulgão do algodão, *Aphis gossypii,* na Califórnia. Proceedings Beltwide Cotton Conferences, realizada em San Antonio, EUA, de 4 a 8 de janeiro de 2000.**2**:1162-1165.

Gopal, S. e Senguttuvan, T. (1997). Efeito de insecticidas e produtos de neem nos afídeos do algodão em melancia. *Madras Agric. J.,* **84** (2): 111-112.

*Gupta, R. (1987). *Medicinal and Aromatic Plants. Handbook of Agriculture,* Conselho Indiano de Investigação Agrícola, Nova Deli, Índia, pp. 1188-1224.

*Handa, S. S. e Kaul, M. K. (1999). *Supplement to cultivation and utilization of Medicinal Plants (Suplemento ao cultivo e utilização de plantas medicinais)*. Laboratório de Investigação

Regional Conselho de Investigação Científica e Industrial, Jammu-Tawi, Índia.

*Hosseini, M.; Ashouri, A.; Enkegaard, A.; Goldansaz, S. H.; Mahalati, M. N.e Hosseininaveh, V. (2010). Desempenho e taxa de crescimento populacional do pulgão do algodão e perdas de rendimento associadas no pepino sob diferentes regimes de fertilização com azoto. *Intl. J. Pest Manag.*, **56** (2):127-135.

*Jaichakravarthy, G. (2002). Bioeficácia do bioagente fúngico *Verticillium lecanii* (Zimm.) contra algumas pragas sugadoras. Tese de mestrado (Agri.) apresentada a Mahatma Phule Krishi Vidhyapeeth, Rahuri, Maharashtra, Índia.

*Jamwal, R. e Kandoria, J. L. (1991). Aparecimento e desenvolvimento de *Aphis gossypii* em malagueta, brinjal e quiabo no Punjab. *J. Aphidology,* **4** (1-2): 49-52.

Kalaichelvi, K. (2008). Efeito do espaçamento entre plantas e dos níveis de fertilizantes nas pragas de insectos em híbridos de algodão *Bt. Indian J. Ent.*, **70** (4): 356-359.

Kandoria, J. L.; Jamval, R. e Singh, G. (1989). Atividade sazonal e gama de hospedeiros de *Aphis gossypii* Glover em Punjab. *J. Insect Sci.,* **2**(1): 68-70.

*Kapoor L. D. (1990). *Handbook of Ayurvedic Medicinal Plants (Manual de Plantas Medicinais Ayurvédicas).* CRC Press, Boca Raton, Florida, pp. 267.

Karkar, D. B. (2012). Avaliação de produtos biológicos quanto à sua eficácia contra insectos que infestam o brinjal (*Solanum melongena* Linn). Tese de mestrado (Agri.) apresentada à Universidade Agrícola de Anand, Anand.

*Kaushik, C. (2011). Incidência de pulgão, *Aphis gossypii* Glover, em culturas de tomate em condições agro-climáticas da parte norte de Bengala Ocidental, Índia. *World J. Zool.*, **6** (2): 187-191.

Kersting, U.; Satar, S. e Uygun, N. (1999). Effect of temperature on development rates and fecundity of apterous, *Aphis gossypii* Glover reared on *Gossypium hirsutum. J. Appl. Ento., 12* (3): 2327.

*Khan, M. M. H.; Kundu, R.; Alam, M. Z. e Karim, A. J. M. S. (1999). Papel relativo do teor de azoto das plantas e da densidade dos tricomas de
na determinação da população do pulgão do melão, *Aphis gossypii* Glover. *Bull. Inst. Trop. Agril.,* Universidade de Kyushu, **22**: 5-14.

Konar, A. e Basu, A. (2000). Acumulação de afídeos na batata no distrito de Hoogly, em Bengala Ocidental. Potato global research and development. Actas da conferência global sobre a batata realizada em Nova Deli, Índia, de 6 a 11 de dezembro de 1999. **1**: 477-479.

*Koul, A. K. e Sareen, S. (1999). *Plantago ovata* Forsk: Cultivo, botânica, utilização e melhoramento. In: *"Suplemento ao Cultivo e Utilização de Plantas Medicinais".* (Eds.): Hand, S. S. and Kaul, M. K. Regional Research Laboratory Council of Scientific and Industrial Research, Jammu- Tawi, India. PP. 477495.

Kulat, S. S.; Nimbkar, S. A. e Hiwase, B. J. (1997). Eficácia relativa de alguns extractos de plantas contra *Aphis gossypii* Glover e *Amrasca devastans* (Distant) no quiabeiro. *PKV. Res. J., 21* (2): 146-148.

Kumar, R.; Ali, S. e Chandra, U. (2010). Incidência sazonal de alimentadores de seiva no sésamo *(Sesamum indicum* L.) e correlação com factores abióticos. *Ann. Plant Protec. Sci.,* **18** (1): 41-48.

*Leite, G. L. D.;Pimenta, M.;Fernandes, P. L.;Veloso, R.; Von dos S.; Martins, E. R. e Senna, M. R. (2008). Efeito do espaçamento de plantação nos artrópodes associados e na produção de *Ageratum conyzoides.* [Português]. *Re vista de Ciencias Agrarias,* **48**:113121.

Lokeshwari, R. K.; Devikarani, K. H. e Singh, T. K. (2010). Dinâmica sazonal de *Aphis gossypii* e abundância relativa dos seus predadores coccinelídeos no pepino. *Indian J. Ent.,* **72** (2): 114116.

Malik, M. F.; Nawz, M. e Hafeez, Z. (2003) Efeito do espaçamento inter e intra-linhas na população de tripes *(Thrips* spp.) na cebola. *Asian J. Pl. Sei., 2* (9): 713-715.

Manikandan, R. e Singh, A. K. (2005). Seleção de germoplasmas de isabgol *(Plantago ovata* Forskel) contra *Aphis gossypii* Glover em condições de campo. *Pest Manag. Eeo. Zool.,* **13** (2): 315-317.

*Mathur, M. N. e Sharma, G. K. (1977). Avaliação de diferentes esquemas de controlo inseticida contra pragas do algodão, juntamente com a sua incidência sazonal. *Univ. Res. J.,* **15** (2): 107- 108.

Meena, B. L. e Bhargava, M. C. (2002). Coeficiente de correlação da população de pulgões e predadores com factores meteorológicos em diferentes variedades de feno-grego. *Inseet Environ,* **7** (2): 79-80.

*Meena, P. C.; Sharma, J. K e Noor, A. (2003). Effect of abiotic factors on occurrence of aphid, *Hydaphis eoriandri* (Das) and coccinellid predator on coriander varieties. *Ann. Agri. Bio. Res., 7* (2): 181-186.

Mishra, N. C. e Mishra, S. N. (2002). Impacto de biopesticidas em pragas de insectos e defensores do quiabeiro. *Indian J. Plant Protee,* **30**(1):99-101.

*Mudathir, M. e Besadow, T. (2004). Experiências de campo sobre os efeitos de produtos de neem sobre pragas e rendimento de quiabo, tomate e cebola no Sudão. *Mitteilungen der DeutschenGesellschaft fur allgemeine und angewandte Entomologie,* **14** (1-6): 407-410.

*Nakat, P. G.; Giri, D. G.; Kubde, K. J.; Shingrup, P. V. e Mali, R. S. (2002). Incidência de afídeos em mesta sob diferentes níveis de azoto. *Ann. Plant Physiol.,* **16**(2): 198-199.

Nevo, E. e Moshe C. (2001). Effect of nitrogen fertilization on *Aphis gossypii* variation in size, colorand reproduction. *J. Eco. Ent.,* **94** (1):27-32.

Nirmala, R.; Ramanujan, B.; Rabindra, R. J. e Rao, N. S. (2006). Efeito de agentes patogénicos entomofúngicos na mortalidade de três espécies de afídeos. *J. Biol. Control, 20* (1): 89-94.

Nonita, M., Bijaya, P. e Singh, T. K. (2007). Effect of abiotic and biotic factors on the abundance of *Aphis gossypii* Glover infesting brinjal. *Indian J. Ent., 69* (2): 149-153.

*Patel, A. e Saravanan, R. (2010). Seleção de espécies de *Plantago ovata* para parâmetros fisiológicos em relação ao rendimento das sementes. *Elect. J. Plant Breed.* **1**: 1454- 1460.

Patel, H. M. (1988). Biologia da mosca branca e dinâmica populacional de insectos no quiabeiro. Tese de Mestrado (Agri.) apresentada à Universidade Agrícola de Gujarat, Sardarkrushinagar.

Patel, H. M. (2002). Bio-ecologia e gestão de *Aphis gossypii* Glover que infesta a cultura medicinal isabgol, *Plantago ovata* Forskel. Dissertação de mestrado (Agri.) apresentada à Universidade Agrícola de Gujarat, Sardarkrushinagar.

Patel, H. M. e Borad, P. K. (2005). Impacto dos períodos e métodos de sementeira na incidência de *Aphis gossypii* que infestam o isabgol. *J. Med. Aro. PL Sci.,* **27** (2):262-264.

Patel, I. S. e Rote, N. B. (1995). Incidência sazonal do complexo de pragas sugadoras do algodão em condições de sequeiro no Sul de Gujarat. *GAU Res. J., 21* (1): 127-129.

Patel, K. I.; Patel, J. R.; Jayani, D. B.; Shekh, A. M. e Patel, N. C. (1997). Efeito do clima sazonal na incidência e desenvolvimento das principais pragas do quiabeiro. *Indian J. Agric. Sci., 67* (5): 181-183.

*Patel, S. A.; Patel, J. K. e Patel, P. S. (2011). Abundância sazonal do pulgão do funcho e bioagentes associados na cultura do funcho. *Tendências em Biociências,* **4** (1): 116-117.

Patil, S. J. e Patel, B. R. (2013). Avaliação de diferentes insecticidas sintéticos e botânicos contra o pulgão, *Aphis gossypii* Glover infestando a cultura isabgol. *The Bioscan,* **8** (2): 705-707.

Pawar, S. R. (2010). Bionómica e gestão do pulgão, *Uroleucon compositae* (Theobald) em cártamo, *Carthamus tinctorius* Linnaeus. Tese de Mestrado (Agri.) apresentada à Universidade Agrícola de Anand, Anand.

*Pettit, F. L.; Loader, C. A. e Schon, M. K. (1994). Redução da concentração de azoto na solução hidropónica na taxa de crescimento populacional do afídeo *Aphis gossypii* no pepino e *Myzus persicae* no pimento. *Environ. Entomol.,* **23** (4): 930-936.

*Prasad, G. S. e Longiswaran, G. (1997). Padrão sazonal de ocorrência de cigarrinha e pulgão do algodão em brinjal em termos de graus-dia. *J. Andaman Sci. Asso.,* **13** (1/2): 99-101.

Purohit, D.; Ameta, O. P e Sarangdevot, S. S. (2006). Incidência sazonal das principais pragas de insectos do algodão e dos seus inimigos naturais. *Pestology,* **30** (12): 24-29.

*Purohit, S. S. e Vyas, S. P. (2005). *Cultivo de plantas medicinais.* Agribios, Jodhpur (Índia).

*Rajabpour, A. e Yarahmadi, F. (2012). Dinâmica populacional sazonal, distribuição espacial e parasitismo de *Aphis gossypii* em *Hibiscus rosa chinensis* em Khuzestan, Irão *J. Ent.,* **9** (3): 163170.

Rajput, K. P; Mutkule, D. S. e Jagtap, P. K. (2010). Incidência sazonal de pragas sugadoras e sua correlação com parâmetros climáticos na cultura do algodão. *Pestology,* **34** (3): 44-51.

Ramarethinam, S.; Marimuthu, S. e Murugesan, N. V. (2005). Fungos entomopatogénicos, *Verticillium lecanii-* Uma visão geral. *Pestology, 29* (12): 9-28.

*Ramya, M. e Veeravel, R. (2010). Dinâmica populacional de *Aphis gossypii* Glover e dos seus inimigos naturais em brinjal em relação a factores meteorológicos. *Pest Manag. Hort. Eco.,* **16** (1): 54-63.

Rao, B. S. T.; Reddy, G. P. V.; Murthy, M. M. K. e Deva Prasad, V. (1991). Eficácia dos produtos de neem no controlo do complexo de pragas de bhendi. *Indian J. Plant Protec.,* **19** (1): 49-52.

*Rathod, R. T.; Sureja, B. V.; Jethva, D. M. e Barad, A. H. (2009). Dinâmica populacional do afídeo *Aphis gossypii* Glover no algodão e sua correlação com os parâmetros climáticos. *Intl. J. Biosci. Reporter,* **7** (1): 151-153.

Razvi, S. A.; Al-Shidi, R. e Al-Zidjli, N. M. (2006). Eficácia de certos pesticidas bio-racionais para o controlo do afídeo (*Aphis gossypii* Glover) no pepino. *Indian J. Plant Protec,* **34** (1):19-21.

*Reddy, P. (2009). *Advances in Integrated Pest Management in Horticultural Crops (Avanços na gestão integrada de pragas em culturas hortícolas). Vol. 3: Ornamental, Medicinal, Aromatic and Tuber Crops.* Studium Press (Índia) Pvt. Ltd. Nova Deli: 124- 128.

Rostami, M.; Zamani, A. A.; Goldasteh, S.; Shoushtari, R. V. e Kheradmand, K. (2012). Influência da fertilização com nitrogênio na biologia de *Aphis gossypii* criado em *Chrysanthemum indicum* (Asteraceae). *J. Plant Protec. Res.,* **52** (1): 118-121.

Sabbour, B. J. (2009). Eficácia de insecticidas, biopesticidas e produtos vegetais contra a mosca branca no tomate. *Indian J. Plant Protec.,* **33** (1): 216-217.

Sagar, P. (1992). Eficácia dos insecticidas contra o pulgão, *Aphis gossypii* Glover, no isabgol, *Plantago ovata* Forsk, no Punjab. *Indian J. Ent.,* **54** (4):399-401.

*Sagar, P. e Jindla, L. N. (1984). Um surto de pulgão, *Aphis gossypii* Glover em isabgol, *Plantago ovata* (L.) e o seu controlo químico. *Intl. Pest Control,* **26** (3):76-77.

Sagar,P., Jindla, L. N. e Mehta, S. K. (1987). Triagem de campo de isabgol *(Plantago ovata* Linn.) contra pulgão, *Aphis gossypii* Glover em Punjab. *J. Res. PAU,* **24** (3):441-444.

*Saranya, S.; Ushakumari, R.; Jacob, S. e Philip, B. M. (2010). Eficácia de diferentes fungos entomopatogénicos contra o pulgão do feijão-frade, *Aphis craccivora* (Koch). *J. Biopesticides,* **3** (1 Edição Especial): 138 - 142.

*Sarwar, M. (2008). Espaçamento entre plantas - uma ferramenta não poluente para a gestão de afídeos em canola, *Brassica napus. J. Entomol. Soc. Iran, 27* (2): 13-22.

Sattar, S. M. A.; Singh, T. K. e Chhetry, G. K. N. (2009). Dinâmica das populações de *Aphis gossypii* Glover que infestam o quiabeiro em Manipur. *Indian J. Ent., 71* (3): 206-208.

Sattar, S. M. A.; Singh, T. K. e Radhakishor, R. K. (2012). Avaliação no terreno de certos insecticidas químicos e botânicos contra *Aphis gossypii* Glover que infestam a beringela. *Indian J. Ent., 71* (3): 299302.

Savita, V.; Anandhi, P. e Srivastava, D. S. (2010). Dinâmica populacional de *Aphis gossypii* Glover e dos seus inimigos naturais no ecossistema de brinjal em Allahabad. *Indian J. Ent., 72* (2): 175-176.

Selvaraj, S.; Anandhi, D. e Ramesh, V. (2010). Efeito de factores abióticos na incidência e desenvolvimento do pulgão, *Aphis gossypii* (Glover) em diferentes variedades de algodão em condições não pulverizadas. *J. Cotton Res. Dev.,* **24** (2): 245-249.

*Shah, M. A. S.; Singh, T. K. e Radhakishore, R. K. (2009). Comparative biology of cotton aphid, *Aphis gossypii* Glover on okra and brinjal. *J. Exp. Zool., 12* (2): 373-375.

*Shahjahan, K. K. N.; Das, B. C. e Khalequzzaman, M. (2001). Population dynamics of *Aphis gossypii* Glover at Rajshahi, Bangladesh. *J. Biol. Sci.,* **1** (6): 492-495.

*Shahzad, M. K.; Shah, Z. A. e Suhail, A. (2003). Dinâmica populacional da broca da vagem da grama (*Helicoverpa armigera*), do pulgão da grama (*Aphis craccivora*) e do pulgão do algodão (*Aphis gossypii*) em relação às condições climáticas. *Pakistan Entomol,* **25** (1): 77-84.

Shitole, T. D. e Patel, I. S. (2009). Abundância sazonal de pragas sugadoras e sua correlação com parâmetros climáticos na cultura do algodão. *Pestology,* **33** (10): 38-39.

Singh, A.; Kataria, R. e Kumar, D. (2012). Propriedade de repelência de extractos de folhas de plantas tradicionais contra *Aphis gossypii* Glover e *Phenacoccus solenopsis* Tinsley. *African J. Agri. Res.,* **7** (11):1623- 1628.

Singh, K. I.; Singh, L. N. e Singh, M. P. (2005). Influência de cinco níveis de azoto com ou sem *Azatobacter* na incidência de *Aphis gossypii* Glover na batata. *Indian J. Ent.,* **67** (2):165-169.

*Singh, K. M.; Shethi, G. R.; Prasad, H. e Garg, A. K. (1977). Ocorrência de *Aphis gossypii* Glover como praga do girassol em Deli. *Entomologist's Newsl.,* **7** (3): 13.

Singh, N.; Lal, R. K. e Shasany, A. K. (2009). Diversidade fenotípica e RAPD entre 80 acessos de germoplasma da planta medicinal isabgol *(Plantago ovata). Genetic Mol. Res.,* **8**: 1273- 1284.

*Singh, R. e Joshi, A. K. (2003). Pragas do quiabeiro *(Abelmoschus esculentus* Moench.) no vale de Paonta, Himachal Pradesh. *Insect Environ,* **9** (4): 173-174.

*Slosser, J. E.; Pinchak, W. E. e Rummel, D. R. (1998). Regulação biótica e abiótica de *Aphis gossypii* Glover no algodão de sequeiro do oeste do Texas. *South-west Entomologist,* **23** (1): 31-65.

Steel, R. G. D. e Torrie, J. H. (1980). Principles and procedures of Statistics- A Biochemical Approach, publicado por McGraw Hill Koga Kusha Ltd, Nova Deli.

*Tiwari, G. N.; Prasad, C. S. e Nath, L. (2010). Flutuação populacional do afídeo *Aphis gossypii* Glover e do escaravelho coccinelídeo predador do afídeo Brinjal, com referência à sua relação com os factores meteorológicos na zona da planície ocidental de Uttar Pradesh. *Trends in Biosci,* **3** (2): 156-158.

Tomar, S. P. S. (2010). Impacto dos parâmetros climáticos na população de pulgões no algodão. *Indain J. Agric. Res.,* **80** (2): 125-130.

Upadhyay, S. e Mishra, R. C. (1999). Eficácia e economia de insecticidas e produtos à base de neem *(Azadirachtaindica)* na incidência de afídeos *(Aphis gossypii)* em isabgol *(Plantagoovata). Indian J. Agric. Sci.,* **69** (2):161-162.

Vaghasia, P. R.; Kabaria, B. B.; Acharya, M. F.; Khanpara, A. V. e Dabhi, M. V. (2012). Bioeficácia de biopesticidas, *Verticillium lecanii* (Zimm.) Viegas contra pulgão em coentro. *Agres,* **1** (1): 71-75.

*Varma, S.; Anandhi, P.; Srivastava, D. S. e Yajuvendra Singh (2010). Eficácia de alguns produtos vegetais autóctones na gestão do afídeo *Aphis gossypii* Glover que infesta a couve-galega. *Entomon,* **35** (3):191-193.

Vinodhini, J. e Malaikozhun, B. (2011). Eficácia de pesticidas botânicos à base de neem e pongam em pragas sugadoras de algodão. *Indian J. Agric Res.,* **45** (4): 341-345.

Venkatesan, G.; Balasubramanian, S.; Jayraj, S. e Gopalan, M. (1987). Estudos sobre a eficácia dos produtos de neem contra o pulgão *Aphis gossypii* Glover no algodão. *Madras Agric. J.,* **74** (4-5): 255-257.

*Wolver, T. M. S.; Jenkins, D. J. A.; Mueller, S.; Boctor, D. L. e Ransom, T. P. P. (1994). O método de administração influencia os efeitos de redução do colesterol sérico do psyllium. *Amer. J. Clinic. Nutrit.,* **59**: 1055- 1059.

*Xin, M. D.; Xiang, G. Z. e Xiao Q. (2010). Influência da fertilização variável de nitrogênio no crescimento e desenvolvimento do pulgão, *Aphis gossypii.Ata Phytophylacica Sinica,* **37** (5): 408-412.

*Zargari, A. (1990). *Medicinal Plants.* Vol. 4, University of Tehran Pub, Teerão, Irão.

* Original não visto

APÊNDICES

Apêndice 1. Dados meteorológicos semanais registados no observatório meteorológico, Universidade Agrícola de Anand, Anand

2013								
MSW	BSS	WS	MAXT	MINT	RH1	RH2	VP1	VP2
4	9.3	4.4	26.3	11.1	74.0	37.4	8.4	9.4
5	8.0	1.9	30.5	14.2	91.4	47.3	12.2	14.6
6	9.1	4.2	28.2	12.7	83.0	45.7	10.2	13.0
7	8.9	3.2	31.1	14.9	89.4	42.3	12.8	12.3
8	10.1	3.5	31.8	14.0	82.4	37.1	10.9	13.2
9	10.7	3.5	32.7	12.8	74.3	27.4	10.1	9.7
10	10.2	2.3	37.2	15.4	70.0	22.4	10.9	9.9
11	9.4	2.9	35.4	17.7	83.1	30.3	15.4	12.4

2014								
MSW	BSS	WS	MAXT	MINT	RH1	RH2	VP1	VP2
3	7.87	3.13	26.27	11.2	93.14	54.29	10.83	11.76
4	5.33	3.99	24.56	15.49	97	67.143	14.89	16.01
5	9.67	1.81	30.31	13.17	93.57	42.43	11.66	13.36
6	9.83	2.7	29.57	12.64	87.43	42.14	11.46	11.89
7	8.67	2.94	27.7	12.56	94	44.86	11.76	11.67
8	8.09	3.21	29.87	15.14	90.29	43.29	13.33	13.26
9	8.43	3.14	30.43	13.48	86.43	33.14	12.32	10.51
10	9.83	2.8	33.53	16.84	79.29	32	13.2	7.54

MSW: Meteorological Standard Week
BSS: Bright Sunshine (Hours)
WS: Wind Speed (Kmph)
Max T: Maximum Temperature (°C)
Min T: Minimum Temperature (°C)
RH1: Morning Relative Humidity (%)
RH2: Evening Relative Humidity (%)
VP1: Morning Vapour Pressure (Hg/mm)
VP2: Evening Vapour Pressure (Hg/mm)

APÊNDICES

Apêndice 2: Incidência do afídeo *A. gossypii* em diferentes variedades/genótipos de isabgol em 2013

Varieties/ genotypes	Average Number of aphids/ spike (at different weeks after sowing)										
	7	8	9	10	11	12	13	14	15	16	Pooled
Gujarat Isabgol-1	*0.93 (0.36)	1.34 (1.30)	2.76 (7.12)	3.40 (11.06)	4.14 (16.64)	4.97 (24.20)	3.69 (13.12)	3.26 (10.13)	1.05 (0.60)	1.23 (1.01)	2.68 (6.68)
Gujarat Isabgol-2	1.25 (1.06)	1.62 (2.12)	2.55 (6.00)	2.68 (6.68)	3.10 (9.11)	3.95 (15.10)	2.64 (6.47)	3.67 (12.97)	1.09 (0.69)	1.13 (0.78)	2.37 (5.12)
Gujarat Isabgol-3	1.36 (1.35)	1.32 (1.24)	2.00 (3.50)	2.80 (7.34)	2.90 (7.91)	6.17 (37.57)	4.46 (19.39)	3.30 (10.39)	1.47 (1.66)	1.27 (1.11)	2.71 (6.84)
Niharika	1.23 (1.01)	0.85 (0.22)	1.50 (1.75)	1.34 (1.30)	1.76 (2.60)	2.26 (4.16)	1.72 (2.46)	1.50 (1.75)	1.24 (1.04)	0.97 (0.44)	1.44 (1.57)
Anand Early-10	0.75 (0.06)	0.79 (0.12)	1.01 (0.52)	1.18 (0.89)	1.62 (2.12)	1.62 (2.12)	1.51 (1.78)	1.29 (1.16)	1.24 (1.04)	0.71 (0.00)	1.17 (0.87)
Kutch local	0.71 (0.00)	0.71 (0.00)	0.98 (0.46)	1.23 (1.01)	1.59 (2.03)	1.56 (1.93)	1.25 (1.06)	1.05 (0.60)	1.03 (0.56)	0.71 (0.00)	1.08 (0.67)
S. Em. ± T	0.05	0.07	0.08	0.06	0.06	0.09	0.07	0.11	0.04	0.04	0.02
P	-	-	-	-	-	-	-	-	-	-	0.03
T x P	-	-	-	-	-	-	-	-	-	-	0.07
C. D. at 5% T	0.16	0.21	0.23	0.17	0.18	0.27	0.21	0.34	0.13	0.13	0.06
P	-	-	-	-	-	-	-	-	-	-	0.08
T x P	-	-	-	-	-	-	-	-	-	-	0.20
C. V. (%)	10.09	12.76	8.48	5.29	4.77	5.17	5.27	9.65	7.42	8.26	7.35

APÊNDICES

*$\sqrt{x + 0.5}$ valores transformados enquanto que os valores entre parênteses são valores retransformados

Apêndice 3: Incidência do afídeo *A. gossypii* em diferentes variedades/genótipos de isabgol em 2014

Varieties/ genotypes	Average Number of aphids/ spike (at different weeks after sowing)										
	7	8	9	10	11	12	13	14	15	16	Pooled
Gujarat Isabgol-1	*0.92	1.52	2.59	3.34	5.57	4.84	3.91	2.61	1.26	1.28	2.78
	(0.35)	(1.81)	(6.21)	(10.66)	(30.52)	(4.84)	(14.79)	(6.31)	(1.09)	(1.14)	(7.23)
Gujarat Isabgol-2	1.18	1.21	2.93	2.27	2.90	3.91	3.38	2.68	1.35	1.13	2.29
	(0.89)	(0.96)	(8.08)	(4.65)	(7.91)	(14.79)	(10.92)	(6.68)	(1.32)	(0.78)	(4.74)
Gujarat Isabgol-3	1.14	1.19	2.01	3.50	6.34	4.85	4.26	3.36	1.53	1.23	2.94
	(0.80)	(0.92)	(3.54)	(11.75)	(39.70)	(23.02)	(17.65)	(10.79)	(1.84)	(1.01)	(8.14)
Niharika	0.75	0.97	1.36	1.27	1.77	2.17	2.88	1.83	1.20	0.84	1.50
	(0.06)	(0.44)	(1.35)	(1.11)	(2.63)	(4.21)	(7.79)	(2.85)	(0.94)	(0.21)	(1.75)
Anand Early-10	0.80	0.74	1.22	1.17	1.43	1.49	1.94	1.63	1.58	0.71	1.27
	(0.41)	(0.05)	(0.99)	(0.87)	(1.54)	(1.72)	(3.26)	(2.16)	(2.00)	(0.00)	(1.11)
Kutch local	0.71	0.71	0.90	1.2	1.97	1.23	1.24	0.92	1.25	0.71	1.08
	(0.00)	(0.00)	(0.31)	(0.94)	(3.38)	(1.01)	(1.04)	(0.35)	(1.06)	(0.00)	(0.67)
S. Em. ± T	0.04	0.06	0.07	0.08	0.13	0.06	0.09	0.07	0.07	0.06	0.02
P	-	-	-	-	-	-	-	-	-	-	0.03
T x P	-	-	-	-	-	-	-	-	-	-	0.08
C. D. at 5% T	0.12	0.18	0.20	0.25	0.39	0.20	0.27	0.22	0.22	0.19	0.07
P	-	-	-	-	-	-	-	-	-	-	0.09
T x P	-	-	-	-	-	-	-	-	-	-	0.22
C. V. (%)	8.45	11.36	7.36	8.03	8.14	4.06	6.04	6.65	11.08	11.43	8.16

*$\sqrt{x + 0.5}$ valores transformados enquanto que os valores entre parênteses são valores retransformados

Printed by Books on Demand GmbH, Norderstedt / Germany